# コンピュータリテラシー

澁澤健太郎・山口 翔 著

時潮社

Windowsの正式名称は、Microsoft Windows operating systemです。
Microsoft Windowsは米国Microsoft社の米国およびその他の国における登録商標です。
Word、Excel、PowerPointはMicrosoft社の商標です。そのほか、本書に記載してある製品名および会社名は、一般に各社の商標または登録商品です。

# はじめに

　情報技術（IT）の活用は、企業だけでなく一般家庭にまで飛躍的に拡大しています。そのことによってパソコンの普及が急速に進むとともに、世界規模の通信ネットワークが構築されてきました。個個人がこれらのネットワークを活用することで全世界を相手に情報の発信や受信を行うことが可能な時代へと変遷しています。

　情報機器の高度化のみならずブロードバンドという言葉にあらわされるように情報のやりとりをする速度も急激に速くなっています。こうした環境変化は、これまでの商取引の形態や行政サービスにも大きな影響を与え、産業構造や行政制度まで変えつつあります。

　インターネットの世界では事実上、英語が公用語ですので英会話のさらなる重要性が認識されつつあります。携帯電話をはじめとする情報機器の低価格化と高機能化は、私たちの生活をさらに便利なものにしてくれるでしょう。しかし、一方でさまざまなネット犯罪が急増しているのも事実です。こうした犯罪の増大は社会システムに情報システムが組み込まれている現在では、ときに大きな社会混乱を引き起こします。こうした社会に生きる私たちは、情報技術を学び適切な使い方を知ることが重要なことは言うまでもありません。

　本書はこうした考え方にたって、情報教育のサポートをするために作成されました。読んで理解するだけでなく、パソコンを前にしてキーボードを使うことを前提にしています。さらにクラウドなど時代のテーマになりつつあるテーマも取りこんで解説しています。第Ⅰ部は基礎編、第Ⅱ部は実践編という構成になっています。

　2011.4.1

著者を代表して　　澁澤健太郎

コンピュータリテラシー　もくじ

はじめに　3

# 第 I 部　基礎編

## 第 1 章　コンピュータリテラシー ─────── 13
 1 パソコンの電源を入れる 14
 2 OS 16
 3 USB メモリを使う、文章を入力する 19
 4 文字の入力 20
 5 インターネット 22
 6 情報発信 25
 7 Internet Explorer の利用 26
 8 URL の構成 28
 9 検索システム 33
 10 便利なサイトを使ってみよう 37

## 第 2 章　文章の作成 ─────── 39
 1 起動と終了、主なボタン 40
 2 印刷と保存 44
 3 データの呼び出しと文書編集 48
 4 メールの送受信（Web メール） 50
 5 電子メールの送受信 52
 6 電子メールの教育利用 54

## 第 3 章　表の作成 ─────── 59
 1 Excel 60
 2 データの入力と印刷 62
 3 データの保存 64
 4 計算 66

## 第4章　プレゼンテーション ―――――――― 75

1　PowerPointの起動と終了、各名称　76
2　タイトルとテンプレート　78
3　スライドの追加とヘッダー／フッター　80
4　オートシェイプ　82
5　図の挿入とアニメーション　84
6　スライドショー、印刷　87
7　プレゼンテーション事例　89

## 第Ⅱ部　先進的なWebサービスの活用

## 第5章　Gmail編 ―――――――――――― 95

5－1　Gmail アカウントを取得する／Gmail にログインする　96
5－2　Gmail でメールを送る　98
5－3　Gmail で送るメールに署名をつける　100
5－4　Gmail で効率的にメールを管理する：スターの設定　102
5－5　Gmail で効率的にメールを管理する：ラベルの設定　104
5－6　Gmail で受信したメールを他アドレスへ転送する　106
5－7　Gmail を使って特定のメールのみ、他アドレスへ転送する　108
5－8　メールを受けられない間の不在通知を設定する　110
5－9　Gmail 上で、別のメールアドレスを管理する　112
5－10　Gmail のスレッド表示をやめる　114
5－11　Gmail の先進的な実験サービスを利用する　116

## 第6章　Google系サービス —————————— 121

- 6-1　Googleアカウントについて把握する　122
- 6-2　Googleアカウントに接続されているサービスを確認する：ダッシュボード　124
- 6-3　Googleアカウントに紐付けられている検索結果を確認する　126
- 6-4　Googleドキュメントを使ってみる　128
- 6-5　Googleドキュメントの言語設定を変更する　130
- 6-6　Googleドキュメントの基本操作を把握する：ファイルのアップロード　132
- 6-7　Googleドキュメント：「docs」で文章を作成する　134
- 6-8　Googleドキュメント：「spread sheet」でシートを作成する　136
- 6-9　Googleドキュメント：「presentation」でプレゼン資料を作成する　138
- 6-10　Googleドキュメントで作成した資料をMS Office形式等で書き出す　140
- 6-11　Googleドキュメントで作成した資料を直接メールで送信する　142
- 6-12　Googleドキュメントで作成した資料を共有する　144
- 6-13　Googleカレンダーを利用する　146
- 6-14　Googleカレンダーで公開されている予定を取り込む　148
- 6-15　Googleカレンダーの予定をメールへ通知する　150
- 6-16　Googleカレンダーの予定を携帯メールへ通知する　152

## 第7章　マイクロソフトのクラウドサービス —————— 155

- 7-1　Windows Liveについて把握する　156
- 7-2　Windows Liveアカウントを取得する　158
- 7-3　Windows Live Hotmailを利用する　160
- 7-4　Windows Live SkyDriveを利用する　162

- 7－5 Windows Live SkyDriveにファイルをアップロードする 164
- 7－6 Windows Live SkyDriveのファイルをダウンロードする 166
- 7－7 Windows Live SkyDriveのファイルを一括ダウンロードする 168
- 7－8 Office Web Appについて把握する 170
- 7－9 Word Web Appを利用する 172
- 7－10 Excel Web Appを利用する 174
- 7－11 Power Point Web Appを利用する 176
- 7－12 SkyDriveで写真を保存する 178
- 7－13 SkyDriveで写真を閲覧する 180
- 7－14 SkyDrive上の写真（アルバム）を共有する 182
- 7－15 SkyDrive上の写真をスライドショー再生する 184

## 第8章 PDF ──────────── 187

- 8－1 PDFの仕組みについて知る（1） 188
- 8－2 PDFの仕組みについて知る（2） 190
- 8－3 ワードなどからPDFへ書き出す 192
- 8－4 GoogleDocsからPDFへ書き出す 194
- 8－5 より高度なPDFファイルを作成する 196
- 8－6 Adobi TVを利用し、より高度なPDFファイルの扱い方を学ぶ 198

おわりに 200

# 第I部

# 基 礎 編

# 第1章

## コンピュータリテラシー

第1章 コンピュータリテラシー

# 1 パソコンの電源を入れる

　では、さっそくパソコンの電源を入れます。パソコン本体の電源を入れると自動的にWindowsXPが起動して、すぐに使える状態になります。ただし、大学等のパソコンを利用している場合には、規定のIDやパスワードを打ち込まなければならない場合があります。

　マウスは、画面上に表示されるメニューの選択やウィンドウの移動などの操作を行う装置です。マウスの使用方法は直感的にわかるはずです。マウスは右手で持って、人差し指を左ボタンに、中指を右ボタンに置きます。マウスの動きに合わせて画面上のマウスポインタが一緒に動くことを確認しましょう。

　ここではマウスの基本操作を確認します。
- ポイント……マウスを移動して、マウスポインタを目的のものに合わせる。
- クリック……左ボタンを1回押す。
- ダブルクリック……左ボタンをすばやく2回押す。
- ドラッグ……左ボタンを押したまま、マウスを動かし、目的の位置まで移動したらボタンから指を離す操作。
- 右クリック……右ボタンを1回押す。

### ＊パソコンの電源を切る

　パソコンの電源を切る際には、まずWindowsを終了します。すると、Windowsが自動的に電源を切る準備を行うので、その後に電源を切ります。

　終了の手順を守らずに、家電製品のように、突然、パソコン本体の電源を切ったり、コンセントを抜いたりするとパソコンが壊れる

1 パソコンの電源を入れる

ことがあります。大学などの施設を利用している場合、システム全体の故障を引き起こす可能性もあります。

図1-1-1のように、左下にある スタート をクリックした後、

終了オプション(U) をクリックします。

図1-1-1 パソコンの終了①

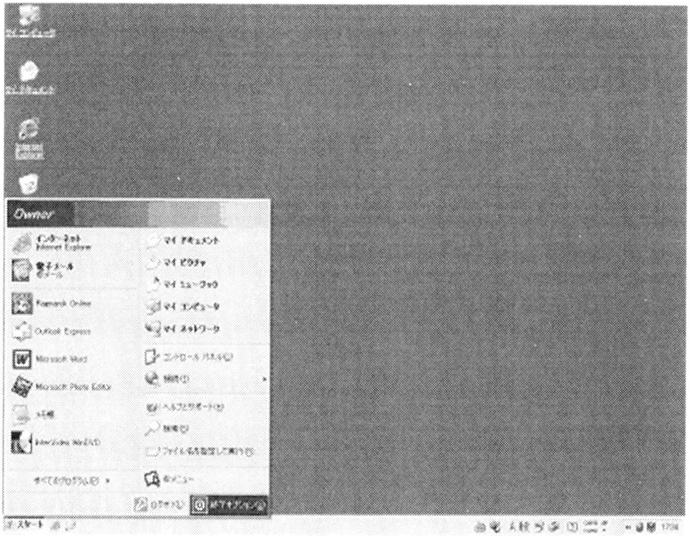

デスクトップの背景が暗くなり、「コンピュータの電源を切る」ウィンドウが立ち上がるので、「電源を切る（U）」をクリックします。Windowsの終了画面を確認した後、モニターなどの周辺機器の電源を切ります。

第1章 コンピュータリテラシー

図1-1-2　パソコンの終了②

## 2　OS

パソコンを使うには、パソコン本体などのハードウェアの他に、ハードウェアを制御するためのソフトウェアが必要です。このソフトウェアをOS（オペレーティングシステム）と呼びます。WindowsもOSの1つでアプリケーションとハードウェアを仲介し、利用者の要求に応えます。

「マイコンピュータ」をダブルクリックすると、机の引き出しに相当する部分が表示され、この中のデータを見ることができます。

大学のパソコン教室などを利用する場合、個人的なデータをパソコンに残すことはできません。学生のみなさんは、「リムーバブルディスク（D:)」を使ったデータの保存や書き換え、消去を行う場合が多いでしょう。

Windowsが提供するOSは、ハードディスクやUSBメモリの中身などをウィンドウとして表示します。ウィンドウとは、画面上に開いた窓（Window）のことで、ファイルのコピーや、文書の作成などの操作を行う作業領域となります。

たとえば「マイコンピュータ」をダブルクリックすると、図1-2-2

のように、「マイコンピュータ」ウィンドウが開きます。タスクバーには、現在開いているウィンドウの一覧がボタンとして表示されます。

　ウィンドウを「閉じる」には、ウィンドウの右上にある ✕ をクリックします。ウィンドウを閉じるとデスクトップ、タスクバーの表示が消えます。
　また、ウィンドウを画面いっぱいに表示したい場合には「ウィンドウの最大化」（= □ をクリック）を行います。最大化されたウィンドウは、タスクバーを残して画面全体で作業できる状態になります。逆にウィンドウを最大化すると、「最大化」ボタンが「元に戻す（縮小）」ボタン になり、クリックすると最大化するまえのウィンドウサイズに戻ります。
　「ウィンドウの最小化」（= _ をクリック）を行うと、ウィンドウを終了しないで画面上から隠すことができます。最小化されたウィンドウを元に戻すには、タスクバーに表示されているウィンドウのボタンをクリックします。

　　　図1-2-1　ウィンドウの操作

第1章 コンピュータリテラシー

図1-2-2 「マイコンピュータ」ウィンドウ

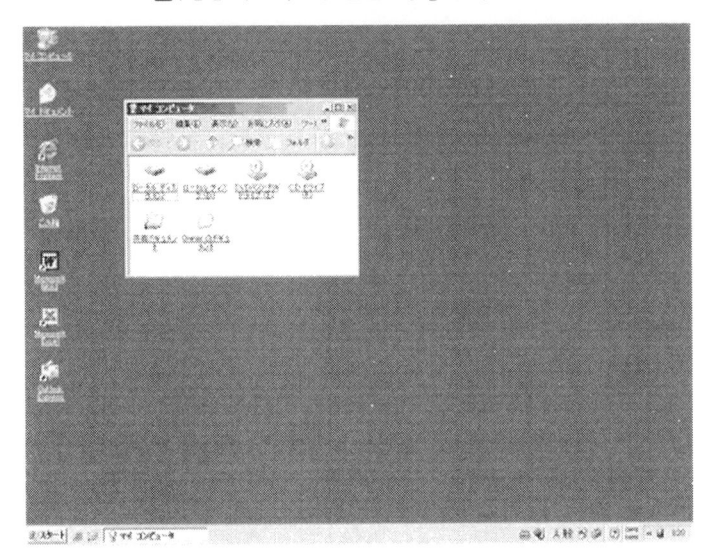

図1-2-3 複数のウィンドウ

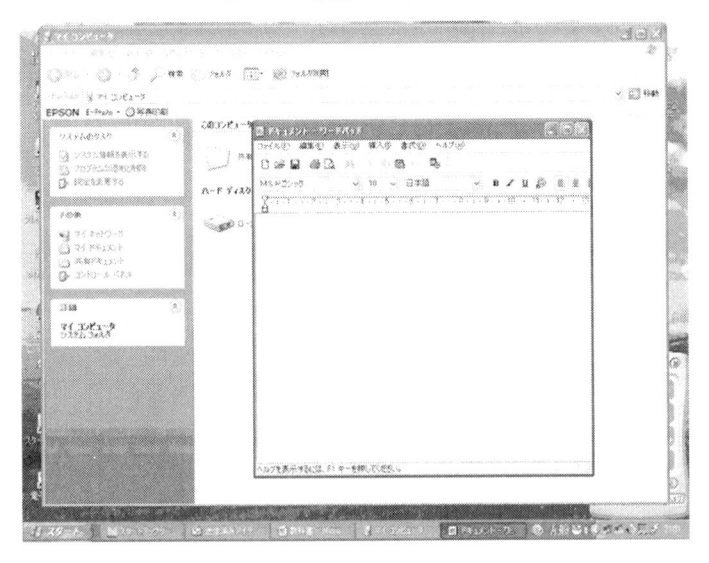

ウィンドウは、図1-2-3のように複数開くことができます。このように複数開かれているウィンドウの中で、現在選択されているウィンドウを、アクティブウィンドウと呼びます。アクティブウィンドウのタイトルバーは青く表示され（図1-2-3の例では、「ドキュメント―ワードパッド」）、複数のウィンドウの中でもっとも手前に表示されます。また、アクティブウィンドウはタスクバーのボタンがくぼんで表示されます。

## 3　USBメモリを使う、文章を入力する

　USBメモリは、主にWordやExcelといったアプリケーションソフトで作成したデータを格納するために使用します。安価で、持ち運びが便利なため、データのやり取りに最適です。また最近のUSBメモリは容量が大きく、画像データや動画データも保存することができます。

　パソコンへは、USBの挿入口に挿入します。作業を終えて取り出す際には以下のような手順で行います。無理に取り出そうとすると、データが壊れるだけでなく、装置自体が壊れる可能性もあります。

　ワープロソフトなどを使って、文字を入力するには、キーボードを使います。パソコンを使う上で、キーボードは必要不可欠な道具なので、キーの配列はかならず覚えるようにしましょう。
パソコンのキー一つ一つには、アルファベットや数字、記号が印字されています。キーの表記の見方は図1-3-1の通りです。

第 1 章　コンピュータリテラシー

図1-3-1　キーの表記

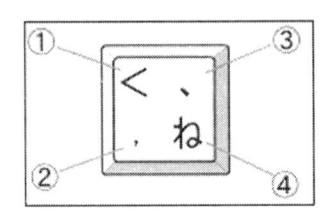

① ローマ字入力の場合に、Shiftを押しながらこのキーを押すと、入力される文字です。
② ローマ字入力の場合に入力される文字です。
③ かな入力の場合に、Shiftを押しながらこのキーを押すと、入力される文字です。
④ かな入力の場合に入力される文字です。

## 4　文字の入力

キーボードの使い方を確認したら、さっそくアプリケーションソフト：「ワードパッド」を使って文字を入力してみましょう。文字の入力には、アルファベットや数字、日本語とさまざまな種類があります。まずアルファベットや数字での文字入力を確認します。

日本語入力システムをオンにします。日本語入力システムは、ひらがなや漢字、カタカナなどを入力する機能を持っており、WindowsXPにも標準で付属しています。日本語入力システムのオン／オフの切り替えは、Alt ＋ 半角／全角 で行います。

またほとんどの場合、ローマ字入力でしょうから、図表1-4-1を参考にしてください。

4 文字の入力

図表1-4-1 ローマ字入力かな変換

| あ | い | う | え | お |
|---|---|---|---|---|
| A | I | U | E | O |
| ぁ | ぃ | ぅ | ぇ | ぉ |
| LA | LI | LU | LE | LO |

| か | き | く | け | こ |
|---|---|---|---|---|
| KA | KI | KU | KE | KO |
| が | ぎ | ぐ | げ | ご |
| GA | GI | GU | GE | GO |
| きゃ | きぃ | きゅ | きぇ | きょ |
| KYA | KYI | KYU | KYE | KYO |
| ぎゃ | ぎぃ | ぎゅ | ぎぇ | ぎょ |
| GYA | GYI | GYU | GYE | GYO |
| くぁ | くぃ | くぅ | くぇ | くぉ |
| QWA | QWI | QWU | QWE | QWO |

| さ | し | す | せ | そ |
|---|---|---|---|---|
| SA | SI | SU | SE | SO |
| ざ | じ | ず | ぜ | ぞ |
| ZA | ZI | ZU | ZE | ZO |
| しゃ | しぃ | しゅ | しぇ | しょ |
| SYA | SYI | SYU | SYE | SYO |
| じゃ | じぃ | じゅ | じぇ | じょ |
| JYA | JYI | JYU | JYE | JYO |

| た | ち | つ | て | と |
|---|---|---|---|---|
| TA | TI | TU | TE | TO |
| だ | ぢ | づ | で | ど |
| DA | DI | DU | DE | DO |
| ちゃ | ちぃ | ちゅ | ちぇ | ちょ |
| TYA | TYI | TYU | TYE | TYO |
| ちゃ | ちぃ | ちゅ | ちぇ | ちょ |
| CYA | CYI | CYU | CYE | CYO |
| ぢゃ | ぢぃ | ぢゅ | ぢぇ | ぢょ |
| DYA | DYI | DYU | DYE | DYO |

| な | に | ぬ | ね | の |
|---|---|---|---|---|
| NA | NI | NU | NE | NO |
| にゃ | にぃ | にゅ | にぇ | にょ |
| NYA | NYI | NYU | NYE | NYO |

| は | ひ | ふ | へ | ほ |
|---|---|---|---|---|
| HA | HI | FU | HE | HO |
| ば | び | ぶ | べ | ぼ |
| BA | BI | BU | BE | BO |
| ぱ | ぴ | ぷ | ぺ | ぽ |
| PA | PI | PU | PE | PO |
| ひゃ | ひぃ | ひゅ | ひぇ | ひょ |
| HYA | HYI | HYU | HYE | HYO |
| びゃ | びぃ | びゅ | びぇ | びょ |
| BYA | BYI | BYU | BYE | BYO |
| ぴゃ | ぴぃ | ぴゅ | ぴぇ | ぴょ |
| PYA | PYI | PYU | PYE | PYO |

| ま | み | む | め | も |
|---|---|---|---|---|
| MA | MI | MU | ME | MO |
| みゃ | みぃ | みゅ | みぇ | みょ |
| MYA | MYI | MYU | MYE | MYO |

| や |  | ゆ |  | よ |
|---|---|---|---|---|
| YA |  | YU |  | YO |
| ゃ |  | ゅ |  | ょ |
| LYA |  | LYU |  | LYO |

| ら | り | る | れ | ろ |
|---|---|---|---|---|
| RA | RI | RU | RE | RO |
| りゃ | りぃ | りゅ | りぇ | りょ |
| RYA | RYI | RYU | RYE | RYO |

| わ | ゐ |  | ゑ | を |
|---|---|---|---|---|
| WA | WI + 変 |  | WE + 変 | WO |

| ヴ | ん |
|---|---|
| VU | N (NN) |

第1章 コンピュータリテラシー

# 5 インターネット

　今や、あまりにも有名になってしまったWWWですが、具体的には、世界中のコンピュータが情報発信しているWebページ群を指しています。正しくは「World Wide Web」とよび、全世界(World)に広く(Wide)張りめぐらされたクモの巣(Web)の意味で、まさに、インターネットの世界をイメージする言葉と言えます。

　ここで注意してほしい用語に「ホームページ」があります。インターネット上のページなら何でもホームページと呼んでしまいがちですが、ある特定の人や組織のページやページ群全体はWebページと呼ぶのが正しく、それらの中の出発点に相当するページがホームページとなります。新聞や雑誌でも用語の混乱が見受けられますが、用語は可能な限り、正確に覚えて使うようにして下さい。

　このWebページには、デジタル化できるものは何でも掲載できます。デジタル化とは、簡単にいえば、文字や写真、動画、統計データなどの情報を、コンピュータの画面やスピーカで再生し、またファイルとして保存できるようにすることです。ですから、インターネットを通じて、Webページ上の世界中の大学や図書館、美術館、書店などを訪問し、さまざまな情報を入手できるのです。さらにこうしたWebページを応用して、eコマース(電子商取引)と呼ばれるデジタル化できないモノやサービスを販売している企業が数多くあります。

　ではWWWは、いったいどのように動いているのでしょうか？WWWでは、サーバが重要な役割を果たしています。ここではわかりやすいように、図書館にある本を探しに行くことを例にとって説明してみましょう。

　みなさんは、自宅から目的の図書館に行くとき、道路を使ってい

くと思います。それと同じように、まず目的の図書館のWebサーバに、インターネットを通じてたどり着く必要があります。具体的には、自宅や東洋大学のパソコンから目的のWebサーバに「図書館に関するHTMLファイルを転送せよ」という命令を出します。ネットワーク上では、目的のHTMLファイルのある場所をURL（Uniform Resource Locator）と言います。

　URLで指定した目的のWebサーバに命令がたどり着くと、HTMLファイルが自宅や大学のパソコンに転送されてきます。これを「ダウンロード」と言います。HTMLファイルや、それに付随している画像ファイル、音声ファイルなどがパソコンの「Webブラウザ」に読み込まれ、文書、画像、音楽が現れ、目的の図書館のWebページがパソコン画面に姿を現すことになります。

　さて、簡単に目的のWebページを見ることができるように書きましたが、実際に利用すると、目的のWebページを見られない、あるいは見るのに時間のかかることがしばしばあります。なぜでしょうか？　それには3通りの可能性があります。

① ネットワークが渋滞している
② 目的のWebページそのものが、存在しなくなっている
③ 目的のWebサーバに支障がある

　特に①「ネットワークが渋滞している」については、学内のパソコン教室などを利用する場合、理解をしておく必要があります。

　Webページを見るということは、ネットワークを通じてWebサーバからファイルを入手するのと同じことです。どれだけスムーズにWebページが見られるかは、パソコンからの命令やWebサーバのファイルが、ネットワーク上を移動する速度に依存します。ファイルの移動速度は、転送するファイルの容量が大きいほど遅くなります。画像や音声のファイルは文書ファイルに比べて大きいものが

多いのです。このため、画像や音声のたくさん入ったWebページほど、見るのに時間がかかります。また、ネットワークが「渋滞」してくると、普段より移動速度が遅くなります。目的のWebサーバにすぐにはたどり着けませんし、たとえ着けても必要な情報を入手できにくくなります。

　画像や音声のたくさん入ったWebページをいくつも見たり、それらの情報を同時に多数入手したりすると、ネットワークの渋滞を悪化させ、Webページをさらに見にくくします。場合によっては、ネットワーク全体をマヒさせてしまうこともあります。みんなが利用すればするほど渋滞して利用しにくくなるという点では、道路の渋滞と同じだと言えます。

　インターネットは、コンピュータの操作ができる人なら誰にでも、世界中に情報を発信できる能力をもたらしました。しかも、発信者は匿名で無責任な発言を繰り返すことさえ可能です。そしてインターネットの普及は、同じ趣味や悩みを持つものを簡単に結びつけてしまいます。それは、ときには楽しみや救いになったりしますが、ときには事件として取り上げられてしまうようなことがあります。しかし、倫理上明らかに問題があると思われる情報源に規制をかけても、すべてにかけきれるものではありません。また、どういった基準で規制をかけるかは、「表現の自由」との関連で難しい問題をもたらします。

　たとえば筆者は、個人的には匿名性に関しては否定的見解を持っています。匿名性であるから書けることがあるという意見については否定しませんが、もともとインターネットの発展の背景には発信元の明示を前提に物事をすすめるという考え方があったと思います。ですから掲示板などに見られるハンドルというのは、私は好きではありません。ハンドルやニックネームは認めるとしても少なくても

発信元が特定できない情報は、情報とみなすべきではないと考えています。インターネットの世界では、匿名性について否定する立場と肯定する立場の人が共存していることになります。

　そこで情報倫理が必要になります。高度情報社会がつくられていく中で、まず社会のルール同様、ネットワーク社会のルールを学ぶ必要があります。本来、インターネットは透明性を各自が前提としていました。そのために技術的側面から生み出される匿名性を悪用する人たちがでてきて、今までインターネットのユーザが手にしていた自由を失う可能性も否定できなくなりつつあります。そのような事態を避けるためにも、各自の自主的な判断力や良識を研ぎ澄ますようにしてほしいと強く願います。

# 6　情報発信

　WWW上で情報を発信するためには、まずHTMLファイルを作らなくてはなりません。最近ではプロバイダのHPから簡易ブログやHPを作成することが簡単に誰でも行えます。しかし仕組みを知らないために、公開してから問題が発生する場合が多くあります。

　ファイルを作っただけでは自分のパソコン上でしかHTMLファイルを見られませんから、HTMLファイルをWebサーバ上の自分の収納スペースに乗せる必要があります。ネットワークの用語では、「HTMLファイルをWebサーバ上の自分のディレクトリにアップロードする」といいます。このアップロードの具体的な方法は、みなさんが加入しているインターネット・サービス・プロバイダ会社によって違ってきます。WWW上での情報発信はWebページの作成だけではありません。最近では「電子掲示板」というものを利用して、Webページ上で公開の議論もできるようになりました。

たとえば、教員が講義に関するテーマ「日本経済が不況から抜け出すためにはどんな方策があるのだろうか？」と電子掲示板に書いたとします。それを見た学生A君は、このテーマに対する自分の意見を掲示板に書きます。学生B君はそれへの反論を書き、学生C君は同意の意見を書く……、という具合に議論ができるのです。さらにはWebページを通じて、他大学の学生とディベートをすることも可能です。

このようなWebページ上で電子掲示板やアンケートなどを実施するプログラムを「CGI」（Common Gateway Interface）と呼びます。Webページでよく見かける「あなたは×番目の訪問者です」といった「カウンタ」もCGIが動かしています。

## 7　Internet Explorerの利用

では、実際にインターネットを利用して情報を検索してみましょう。先ほども述べましたが、Webページを見るためにはWebブラウザという種類のアプリケーション・ソフトが必要になります。本著ではもっとも代表的な「Internet Explorer（以下IE）」を例に情報検索について説明を進めていきます。

大学のパソコン教室や自宅のパソコンの画面上（デスクトップ）には、図1-7-1のアイコンがあるはずです。このアイコンをダブル・クリックします。

7　Internet Explorerの利用

図1-7-1　IEアイコン

見つからない場合には、スタート→「プログラム」から「Internet Explorer」を探し、クリックして下さい。

すでにインターネット接続サービスに加入済みであれば、自動的にインターネットへつながります。もちろん大学内ではLANが組まれているため、IEのアイコンをダブル・クリックしさえすれば、インターネットに接続されます。

インターネットに接続したら、さっそく情報の検索を始めましょう。

その方法はいくつかあります。もっとも基本的な情報検索にはURLを直接書き込む方法があります。新聞や雑誌、テレビなどでhttp://www.xxx.xx.jpやhttp://www.xxx.comというような表記をよく見るようになりました。このURLを直接IEに打ち込めばよいわけです。

ここでリンクの具体的な使い方を1つお教えします。たとえば「電子商取引」についてレポートを作成する課題が出たとします。書籍を調べるのは当たり前ですが、「電子商取引」についてのWebページを発見すれば、しめたモノです。そこで情報を得たら、さらにそのWebページ上の電子商取引に関するリンクを使って、そして他のWebページへ、さらに……と繰り返せば、世界中の電子取引に関する情報やデータは日本に居ながら集まってしまいます。

27

## 8 URLの構成

ここで少しURLについて説明しておきます。

URLは情報の所在を示すもので、現実社会の住所のようなものです。このURLには一定のルールがあります。まず、最初の「http:」は通信を行うためのプロトコルの種類を指定しています。このhttp（Hyper Text Transfer Protocol）プロトコルによってWWWの情報がやりとりされます。プロトコルとは、「通信をする際の約束事のこと」という意味です。

ただし、http:と書いてあったら、それがWWWのURLを意味するため、最近のWebブラウザ・ソフトでは、はじめの「http://」を打ち込まなくてもWebページにたどり着く機能が付いています。

次にサーバ名WWWが指定され、さらにドメイン名と続きます。こうしたURLアドレスをWebブラウザ上でタイプすることで目的の情報が表示される仕組みになっているということを覚えておいて下さい。

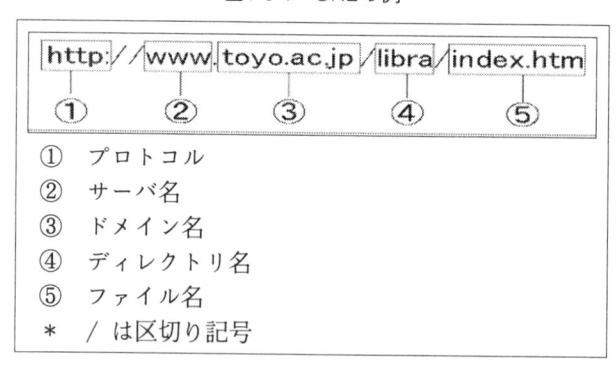

図1-8-1　URLの例

```
http:// www. toyo.ac.jp /libra /index.htm
  ①     ②      ③        ④      ⑤
```

① プロトコル
② サーバ名
③ ドメイン名
④ ディレクトリ名
⑤ ファイル名
＊　/ は区切り記号

ここでもう1つ確認しておかなければならないのが、コンピュータが実際に使用するのはIPアドレス（Internet Protocol Address）と呼ばれるTCP/IPプロトコル群の一種であるということです。このIPアドレスは、インターネット上のすべてのコンピュータに与えられた住所のようなもので、たとえばインターネットに接続された東洋大学のコンピュータには「202.222.203.250（架空）」のような4つの組の数字が与えられています。このIPアドレスは、数字の方がコンピュータにとって扱いやすいため、0から255までの数字をピリオドでつなげたものになっています。これによって、ネットワーク上のコンピュータ同士は正確にお互いを識別しています。

しかし、これだと人間には覚えにくいので、アドレスの表示や入力の際には上述の「ドメイン名」と呼ばれる文字列形式のアドレスが使われます（例：toyo.ac.jp）。この2つのアドレスは、DNS（Domain Name System）と呼ばれるデータベースによって、コンピュータが使用するIPアドレスと私たちが使いやすいドメイン名に相互に変換されています。

図1-8-2　ドメイン名の例

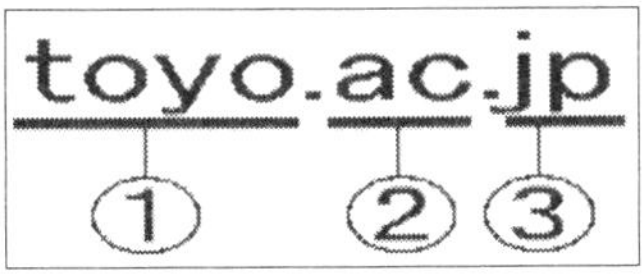

① 機関名・ホスト名
② 組織別コード
③ 国別コード

第1章　コンピュータリテラシー

　では、ドメイン名とは何でしょうか。以下のドメイン名の例を見て下さい。ドメイン名は大きく分けて「機関名・ホスト名」、「国別のコード」、「組織別コード」からなっています。図表1-8-3「ドメインの階層の名称」を参考に東洋大学のドメイン名をみると、「日本」の「大学などの学術機関」で「toyo＝東洋」である、すなわち東洋大学であるということがわかります。

　最近では、ac、co など組織別コードが入らない ***.jp というドメイン名や、日本語を含んだドメイン名（***.com, ***.org, ***.net の *** の部分が日本語）、市町村名と県名からなる地域ドメイン名など、ドメイン名は多様化しています。これは爆発的に増えるWebページや利用者ニーズに応えるためです。

図表1-8-3　ドメインの階層の名称

---

国別コード：
aq（南極）、at（オーストリア）、au（オーストラリア）、be（ベルギー）、br（ブラジル）、ca（カナダ）、ch（スイス）、cn（中国）、de（ドイツ）、dk（デンマーク）、es（スペイン）、fi（フィンランド）、fr（フランス）、it（イタリア）、jp（日本）、kr（韓国）、nl（オランダ）、no（ノルウェー）、ne（スウェーデン）、sg（シンガポール）、tr（トルコ）、uk（イギリス）、za（南アフリカ）
＊インターネット発祥の地、アメリカの国別階層ドメインは省略
（興味のある人は、http://www.iana.org/cctld/cctld-whois.htm で国別ドメインを確認できる。）

組織別コード：

日　本
ac：大学などの学術機関
ad：ネットワーク管理組織
co：一般企業
ed：学校（主に18才未満を対象とするもの）
go：政府機関
gr：任意団体
ne：ネットワークサービス提供者
or：その他の機関

アメリカ
edu：研究・教育機関
com：一般企業
gov：政府機関
mil：軍事組織
net：ネットワーク管理組織
org：その他の機関
int：国際機関

---

　以上のようなドメイン名は、情報の所在を示すものとして重要なものです。ですから、ドメイン名にまつわるエピソードは数多くあります。

第1章　コンピュータリテラシー

**＊ドットコム**

　また、ドットコムという言葉をみなさんも聞いたことがあるでしょう。これもドメイン名に関する話です。図表1-8-3「ドメインの階層の名称」を見ると、ドットコム＝".com"はアメリカの企業向けドメイン名のことを指しているのがわかります。実はこのドメイン名は、登録料さえ払えば、日本企業であっても自由に取得することができるのです。

　語呂がよく、短くて覚えやすく、また企業の活動範囲が世界中に向いていることをアピールする意味もあり、日本でもcomドメインを取得する企業が数多くありました。

　なお、ドットコム企業に対して、現実の営業基盤を持つ企業のことを「Brick & Mortar（レンガとモルタル）」と言いますが、現在は「Click & Mortar」、すなわちネットと現実の両方を併せ持つ企業のほうがドットコム企業よりも優位であるという見方が強くなっています。

　ここまでドメインについての話を読んで、「自分のドメイン名がほしい」と考えた人は、「お名前.com」（http://www.onamae.com）にアクセスしてみるとよいでしょう。もちろん登録にはお金がかかりますが、自分好みのドメイン名が取得できるかもしれません。

# 9　検索システム

　これで希望のWebページを見ることができるようになり、そしてURLの仕組みがわかったと思います。では、もっと有効にインターネットを活用できないでしょうか。

　本著では、「事項検索システム」、「文献・図書検索システム」、「新聞検索システム」、そして「翻訳システム」の4つのシステムについて説明をします。

## 9－1　事項検索システム

　現在、WWW上では、個人から、企業、政府にいたるまでさまざまなところから情報が発信されており、URLを直接打ち込んだり、リンクをたどって自分の見たい情報にたどり着くことは、困難な状況です。そこで、効率的にWWWの情報資源を活用するために開発されたものが検索サイトです。

google　http://www.google.com


　「ある検索サイトでは見つからなくても、他の検索サイトで見つかる」このようなことがよくあります。各検索サイトの機能は日進月歩で進化しており、○○を使うべきであるとは言えません。複数の検索サイトを使うことが、知りたい情報を入手する近道だと言えます。

## 9－2　文献・図書検索システム

　検索サイトを利用したWebページの検索は上記の通りです。同じように文献や書籍の検索もインターネットを使って行うことができます。

「**国立国会図書館**」(http://www.ndl.go.jp/index.html)からもインターネット上で書籍検索を利用できます。日本最大の図書館である国立国会図書館所蔵資料から、国内刊行図書および洋図書の書誌情報を検索することができます（NDL-OPACの検索）。その他にも第1回国会（1947年5月）からの会議録の情報検索や、国立国会図書館が所蔵する重要文化財、彩色資料等の画像データを検索、閲覧することができます。

そして、インターネットを通じて、書籍購入することもできます。
**アマゾン**（http://www.amazon.co.jp/）では、和書はもちろん、洋書、CD、DVD、ソフトウェアまで購入できます。

## 9－3　新聞検索システム

次は新聞検索システムですが、まず毎日新聞のWebページを開いてみて下さい。

**毎日新聞**　http://www.mainichi.co.jp

新聞社のページですから、当然、時事の情報がズラッと表示されたでしょう。もしかすると、まだ紙を媒体とする正規の新聞には載っていない最新ニュースが目に飛び込んでくるかもしれません。

小さい部分なのでわかりづらいかもしれませんが、中ごろに「過去2年間のニュース」そして、キーワードを記入する空白、検索ボタンがあります。

## 9－4　翻訳システム

これまで、主に日本国内における情報の検索・収集について取り上げました。しかし、実際には海外のWebページが圧倒的に多く、

ネットワークでの共通言語は明らかに英語となっています。英語圏でない日本にとっては少し不利な状況と言えます。もちろん日本では中学から大学まで一貫して英語教育が行われていますし、大学でも高度な語学教育が行われています。

しかし、インターネット上の膨大な量の情報が有効であるか、ななめ読みする場合や、和訳を行う際の手がかりになるようなツールはないのでしょうか。そういった語学力を補完するのが翻訳システムです。

数年前に売り出した翻訳ソフトウェアは、高価格低品質で実用に耐えませんでした。しかし、最近ではその翻訳能力は飛躍的に向上し、低価格高品質な翻訳ソフトウェアが出回り、また、インターネット上でも無料で翻訳を手伝ってくれるWebページが数多くあります。「Excite：翻訳」サービスもその１つです。

「Excite：翻訳」サービス」 http://www.excite.co.jp/world/

Google 翻訳

このWebページでは、入力した文章を英→和、和→英と翻訳する「テキスト翻訳」サービスやウェブページをまるごと英→和、和→英と翻訳する「ウェブページ翻訳」サービスを行っています。その実力を少し見てみましょう。日本語で以下のように入力します。

〈日本語〉

　わたしは大学で経済を学んでいます。最近のニュースで尖閣のビデオ映像が流出したことが、報じられています。

〈英語〉

I'm learning economics at university. That the leaked video footage of Senkaku in recent news has been reported.

　かなりの精度で翻訳されているのではないでしょうか。間違った表記もありますし、すべての日本語が、完全に翻訳される日はまだかなり先であると思います。日本語の独特の表現を英語に訳すのはかなりの技術を必要とします。短文でメールのやりとりなどのコミュニケーションでは有効であると言えます。

　インターネット上には英語をはじめ、ドイツ語、フランス語、イタリア語、ポルトガル語、スペイン語、韓国語など、さまざまな言語について、双方向（日本語⇔他国語）の翻訳サービスを手伝ってくれるWebページが数多くあります。ぜひ、有効に活用して下さい。

## 10 便利なサイトを使ってみよう

http://ecodb.net/（世界経済のネタ帳）

このサイトでは、国別の経済推移データが一目瞭然に比較できる優れモノです。

たとえば日本、イギリス、韓国、アメリカの4カ国の失業率推移を1980年から2010年まで比較してみると、以下のグラフがすぐに作れます。

実際にこうした表を作成するにはそれぞれの国別データが必要であり、それをエクセルなどを使ってグラフ化していました。しかしこのサイトを使えば国名を入力するだけで瞬時に完成します。

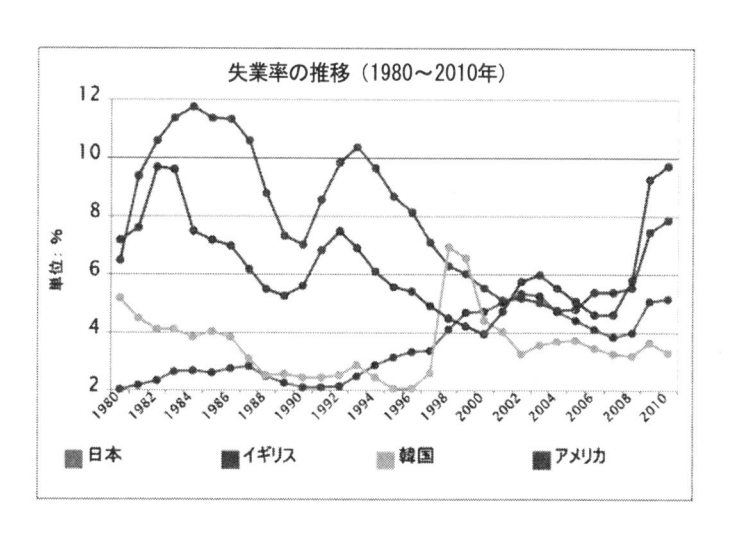

失業率の推移（1980〜2010年）

# 第 2 章

# 文章の作成

第2章　文章の作成

# 1　起動と終了、主なボタン

　Wordとは、文書などを作成するさいに利用するワープロソフトです。Wordの補助機能を利用して表や図などを文章内で使えば、視覚的に訴える文書が作成できます。
　ここでは「Word2007」の基本的な操作方法と、Wordでどのような編集ができるのか、紹介していきます。

**＊基本的な操作方法（起動と終了）**
〈起動〉

図2-1-1　「Microsoft Word」アイコン

　画面上（デスクトップ）に表示されている「Microsoft Word」アイコンをダブルクリックするか、または スタート →「すべてのプログラム（P）」→「Microsoft Word」を選択し、クリックします。「図2-1-2 Word実行画面」が表示されます。

1 起動と終了、主なボタン

図2-1-2 Word実行画面

〈終了〉

メニューバー上の「ファイル (F)」→「終了」をクリックするか、ウィンドゥ右上の ✕ をクリックしてください。

\*主なボタン

図2-1-3 主なボタン①

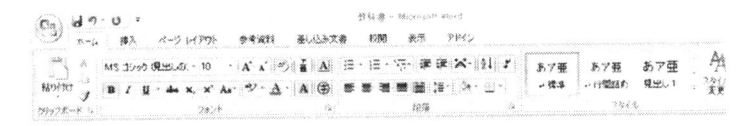

左から順に説明すると、一番左のボタンは「ホーム」のボタンです。基本的な編集はこの画面で行います。画面のBをクリックすれば太字になり、そのうえのMSゴシックのところで文字のフォント

第2章　文章の作成

を決定、数字の10とあるのは文字サイズの指定になります。

図2-1-4　主なボタン②

　一番左側の上にあるボタンをクリックすると印刷などの項目があらわれます。
　「印刷プレビュー」とは、作成している文書のページ全体を表示し、印刷した場合のイメージ全体を確認できます。

図2-1-5　主なボタン③

　左上にある挿入をクリックすると、表、図、グラフ、ヘッダーなどが表示されます。この画面から表の作成や罫線を引くことができます。

図2-1-6　主なボタン④

　左側のボタンはもっとも新しい作業から1つ前の作業に戻る、「元に戻す」ときに使用します。

1　起動と終了、主なボタン

図2-1-7　主なボタン⑤

標準　▼　MS 明朝　▼　10.5 ▼

　真ん中は、選択した範囲の「フォント（字体）を変更する」ときに使用する小窓です。右側にある「▼」ボタンをクリックすることでフォントの種類を選択できます。

　右の小窓は、選択した範囲の「フォントの大きさを変更する」ときに使用します。小窓の右側にある「▼」をクリックすることで、フォントサイズを選択できます。

図2-1-8　主なボタン⑥

B *I* U ▼ A A ☆ ▼

左から、
- 範囲選択した文字を「太字」にするときに使用するボタンです。
- 範囲選択した文字を「斜体（イタリック）」にするときに使用するボタンです。
- 範囲選択した文字に「下線（アンダーライン）」をひくときに使用します。
- 範囲選択した文字を罫線で「囲む」ときに使用するボタンです。
- 範囲選択した文字を「網掛け」にするときに使用するボタンです。
- 範囲選択した文字を「拡大・縮小」するときに使用するボタンです。拡大・縮小の倍率についてはボタン右側の「▼」ボタンをクリックすることで選択できます。

図2-1-9　主なボタン⑦

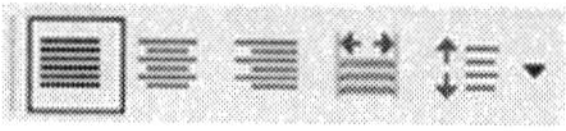

左から、
- 選択した行を「左詰め」にするボタンです。
- 選択した行を「中央揃え」にするボタンです。
- 選択した行を「右揃え」にするボタンです。
- 選択した行を「均等割り付け」＝「等間隔で表示」するボタンです。

## 2　印刷と保存

　作成した文書を印刷する場合、印刷する前にまず、「印刷プレビュー」を使用して文書のレイアウトを確認しましょう。レイアウトを確認したら、閉じる(C) で印刷プレビュー画面を閉じます。もし、余白や用紙サイズ等、設定しなおす必要があれば、「上のページレイアウトをクリックします。この画面から余白をクリックして、用紙サイズ・余白・基本フォントサイズ等、微調整を行うことができます。

　印刷する場合、図2-2-1が表示されるので、プリンタ名を確認し、細かい諸設定をする必要がなければ OK を押します。通常、大学のパソコン教室等を利用する場合には、これらの設定を変える必要はありません。

　またパソコン教室等では、1台のプリンタを複数のパソコンで共有しています。「自分の印刷物が出てこない」といって何度も印刷ボタンを押してしまうと、エラーが起こる原因になります。また大

2 印刷と保存

勢の学生が利用しますから、一度に大量の印刷は避けるべきでしょう。

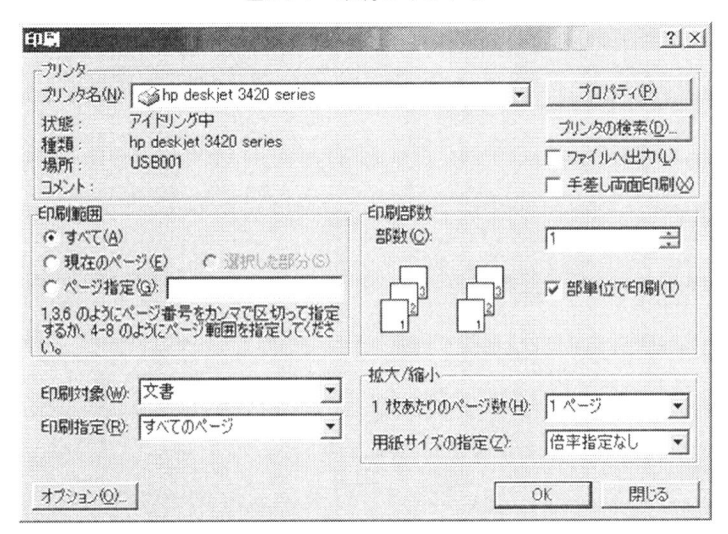

図2-2-1 印刷ウインドウ

*データの保存

新しく作成した文書を保存するときは [アイコン] →「名前をつけて保存（A）」を選択します。

第2章　文章の作成

図2-2-2　データの保存

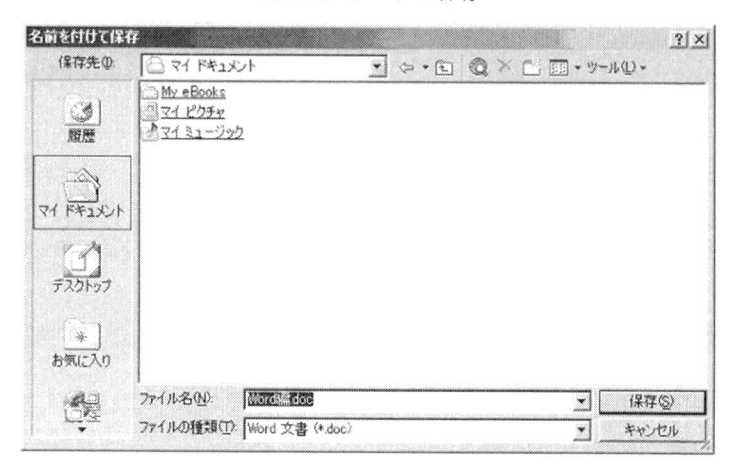

まず「保存先（I）:」を設定します。保存場所については、任意の場所を選択することができますが、パソコン教室などの共有施設を利用する場合には、各自で用意したUSBメモリをパソコンに差し込みます（図2-2-3参照）。

「保存先（I）:」の横にある「▼」ボタンをクリックし、「D」を選択します。

図2-2-3　USBメモリの装着

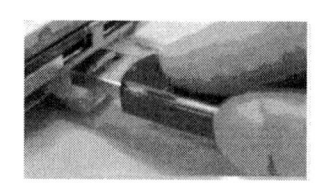

2 印刷と保存

図2-2-4 マイコンピュータからの選択

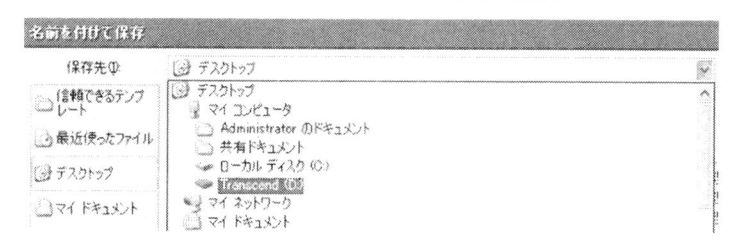

　次に保存するファイルに名前をつけます。「ファイル名(N):」と書かれた横の部分に自分の好きな名前をつけて保存します。自分の都合のよい名前（後からみて内容がわかるもの）をつけて 保存(S) ボタンをクリックしてください。上記の表記例では「Word編.doc」となっています。これで保存は完了です。

　また、一度名前をつけて保存した文書に変更を加えて保存し直したいさいは「上書き保存」ボタンをクリックするか、メニューバーの「ファイル(F)」→「上書き保存(S)」を選択します。これで上書き保存は完了です。

## 3　データの呼び出しと文書編集

　以前に作成した文書を呼び出すときは、「開く」ボタンをクリックするか、メニューバーの「ファイル (I)」→「開く (O)」を選択します。

　呼び出したい文書のある場所を「ファイルの場所 (I)：」の横にある「▼」ボタンをクリックし、選択してください。先ほど保存した「Word編.doc」の場合は、リムーバブルディスクでしょう。

　上の説明でも「範囲を選択する」という言葉が何度も出てきます。Wordでは、ある文字や図形に対して何か操作を行いたい場合、まずその対象を選択してから、「○○を実行する」という指示を与えます。

　範囲を選択するには、編集したい範囲を「マウスを使って、編集したい範囲をドラッグ」します。もう少しわかりやすくいえば、「左クリックをしたまま、編集したい範囲をなぞる」と説明することもできるでしょう。

　そして、編集用の各種ボタン（「主なボタン参照」）をクリックすれば、希望する編集を行うことができます。

　たとえば、
　　私は東洋大学に入学しました。
　という文章の「東洋大学」を強調したければ、この部分を範囲選択して、「下線」ボタンをクリックすれば、

　　私は<u>東洋大学</u>に入学しました。

となります。

　同じ言葉が繰り返し使われる文書を書くときには、「コピー」機能を利用すると便利です。コピーしたい部分を範囲選択して「コピー」ボタンをクリックするか、「編集（E）」→「コピー（C）」を選択します。画面上に変化はありませんが、この作業でコンピュータ内にコピーした部分が記憶されます。

　そして「範囲選択し、コピーしたもの」を貼り付けたい位置にカーソルを合わせ、「貼り付け」ボタンをクリックするか、「編集（E）」→「貼り付け（P）」を選択します。

　このコピー＆貼り付けは、パソコンの最大の特徴である、データの2次利用によく使われます。たとえば、以前作成したWord文書やMicrosoft Excelで作成したグラフ、インターネット上の有効な論文など、さまざまなアプリケーションソフト上で、範囲選択→コピーをして、Wordに貼り付ければ、思いのままの論文を作成することができます。

　ただし、作業が簡単であるため、ルールを無視した行動をとりがちです。大学では、論文の基礎的な作法を学びますから、引用のルールなど必ず守ってください。

第 2 章　文章の作成

## 4　メールの送受信 (Webメール)

インターネットでメールを送受信するには，メールを送受信するためのソフトウェアが必要になります。このソフトウェアのことを一般的にメーラーとよびます。メーラーの主な機能は以下の通りです。

- メールサーバとの接続
- メールの受信と表示
- メールの作成と送信
- メールの整理
- その他、メールの送受信に関するサポート

電子メールとは、コンピュータ上で書かれた手紙をコンピュータ間で送ったり受け取ったりすることです。では、電子メールはどのように動いているのでしょうか？　ここでは、わかりやすいように、郵便を例にして説明していきます。

みなさんの自宅からハガキや封書を出すとき、まず郵便ポストに行きます。それと同じように、ネットワークにも郵便ポストの役割を果たすホストがあります。これを「メールサーバ」と言います。

このホストは、郵便ポストと郵便局の役割を兼ねています。投函されたメールは、あて先別に仕分けられ、送り先のメールサーバにインターネット経由で送られていきます。ハガキや封書があて先の郵便局で仕分けられ、高速トラック便で目的の郵便局に送られるのと似ています。ここで、郵便物の住所に相当するのが「電子メールアドレス」です。簡略化して、「メールアドレス」または「アドレス」とも言います。

## 4　メールの送受信（Webメール）

　目的の郵便局に着いた郵便は、あて先の住所別に分けられ、最終的に相手の郵便受けまで配達されます。ネットワークにも、この目的郵便局と同じようなメールサーバがあります。

　ところで、郵便局の私書箱を開けるためにはカギが必要であるように、接続（ログイン）するためには、専用のユーザIDとパスワードが必要です。実際の私書箱に収納量の制限があるように、メールサーバ上のメールボックスにも収納量の制限があります。メールには、文書ファイルや画像ファイルを添付することもできます。作成したレポートや図表などを、そのままメールに添付して送ることも不可能ではないのです。

　しかし、ファイルなどを添付した大きなメールを送ると、私書箱がパンクしてしまい、ときにはメールサーバ全体が止まってしまうこともあります。また、特定相手に同じメールを繰り返し何十回も送ると、やはりメールボックスはパンクしてしまいます。長い文章や、大きな容量のファイルをメールで送ることは、ほかのユーザのためにもできるだけ避けましょう。どうしても送らなければならないときには、送り先のユーザにできるだけ早くメールボックスを開いてメールを削除するように必ず断りましょう。

第2章 文章の作成

## 5 電子メールの送受信

　ここでは、一番代表的なMicrosoft社のOutlook Expressというソフトを使い、説明します。2010年Microsoft社はOutlook Expressの提供並びにバージョンアップなどのサービスを止めました。しかし電子メールの利用法はどのアプリケーションを使用してもさほど違いがあるわけはなく、原理的な理解があれば扱うことは難しくありません。

　フリーで電子メールの利用が可能なアプリケーションは複数あり、ダウンロードすることが可能になっています。例をあげればサンダーバードなどが有名です。http://mozilla.jp/thunderbird/

　ここではまずOutlook Expressを起動します。通常、図2-5-1のように「受信トレイ」の状態で起動します。

図2-5-1　Outlook Express受信トレイ

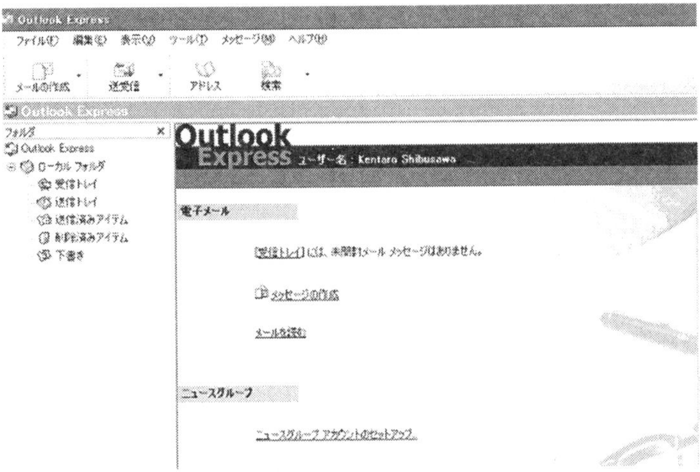

5 電子メールの送受信

　画面の「メッセージ」をクリックします。次に「メッセージの作成」をクリック。電子メールを送る際には、宛先、件名、本文、氏名を記載します。

　図2-5-2にあるCC（Carbon Copy）は、宛先に指定した相手にメールを送るだけでなく、同じ内容を他の人にも送りたい場合、CCにその人のアドレスを入力します。CCにアドレスを入力した場合、宛先での受取人とCCでの受取人は、どちらも誰にメールが送られたか、そのアドレスを知ることができます。

図2-5-2　CC（Carbon Copy）

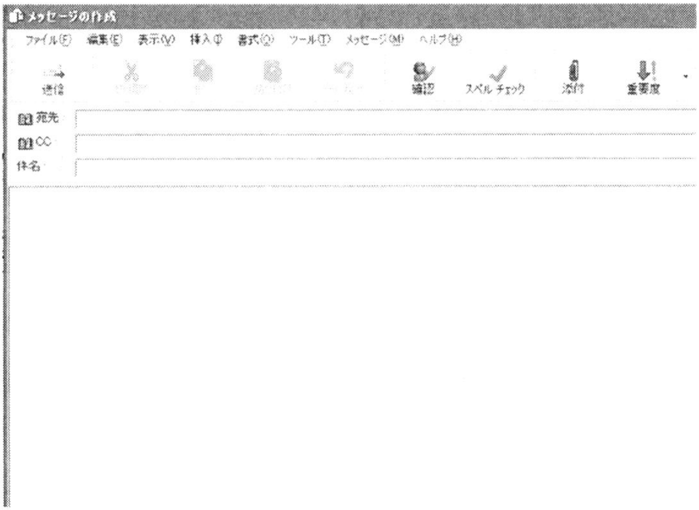

# 6　電子メールの教育利用

「手紙なら郵便で十分」、「ケータイ電話のメールで十分」と考えるかもしれませんが、パソコンを使った電子メールなら、受け取った手紙を自由に加工することができます。たとえば、学生から送られてきたレポートや論文を、教員が添削して、送り返すといったことが簡単に行えます。受け取った手紙はディスクに保存できますから、過去に同じテーマで書いた学生の論文と比較してコメントすることもできます。

教員や学生が、ゼミのすべての学生に同じ内容を同時に連絡することも容易です。

日常的に、教員が受講者から講義に関する質問を受け、受講者に解答を出すことも可能です。講義やゼミの時間中にはなかなか質問しにくいですし、また、何百人も受講者のいる講義では、教員が質問を受けるのも困難です。しかし、電子メールならば、インターネットに接続されたパソコンさえあれば、いつでもどこでも質問ができます。

大学生生活では、コンピュータを使った電子メールのやりとりが頻繁に行われます。上記の例のようにレポートを提出したり、就職活動を行う際よく利用されます。しかし、メールは操作が簡単なだけに、ネットワーク上のエチケットである「ネチケット」を無視しがちです。実際にやりとりする際は、守らなければならないルールがあります。具体的に以下に指摘しますので、必ず確認して電子メールのやり取りを行って下さい。

＊メールのルール

（1）せっかく送ったメールが相手には判読不能な文字になること

もあります。半角カタカナ、機種依存文字は使わないようにしましょう。具体的には半角カタカナ（ｱｲｳｴｵ）やハートマーク（♥）、丸文字（①）、ローマ数字、罫線文字、単位記号などのことです。電子メールはさまざまなルートをたどって相手に届きます。そのルートには、世界中のコンピュータがつながっていて、その機種もさまざまです。共通ルールに従ったものでなければたくさんのコンピュータを経由する間に情報が化けてしまうことがあります。また日本語でメールを書く場合は、JISコードを用いるということも覚えておきましょう。

（2）相手に読みやすいメールを送ることを心懸けましょう。メールの文章の1行は全角文字の場合でおおむね30字程度におさめるようにします。また、適度に空白行を入れると、さらに読みやすくなります。

（3）簡潔に具体的な内容を表したSubject（題名）を常に付けましょう。1日に大量のメールが来る人にとってはまずはタイトルを見て判断するからです。また、subjectに漢字を使うときは注意しましょう。さまざまな理由で、まれにsubjectの漢字が文字化けすることがあるからです。

（4）本文の末尾には、シグネチャ（署名）を付けることができます。シグネチャとは、そのメールの発信者がサイン代わりに書く自分の署名のことです。

　シグネチャには、自分の名前、所属する大学、学部署名やメールアドレス、ホームページアドレスなどを入れるのが一般的です。自分の好きな言葉、最近の近況などを含めたり、文字を組み合わせて

第2章　文章の作成

絵を描いたりといった遊び心のあるシグネチャを見かけることもあります。ただし、過度に長いものは避けましょう。歴史的な経緯から、「最大でも4行が限度」というのが一つの目安です。

（5）相手にいきなり大量の文書やデータを送ることは避けるべきです。受け取った側に、快く受けとってもらえないかもしれません。メガ単位（フロッピーディスク1枚分以上）のデータを送る場合は、メールや電話であらかじめ送信することを確認し、相手に承諾を得ておいた方がよいでしょう。

　添付ファイルを送る場合は相手の承諾を取り、可能ならばメールを分割して送るとよいでしょう。

（6）メールは、瞬時に相手に届くとは限りません。また、中継してくれるホストの設定やトラブルによって相手に届かず戻ってきたり、あるいは届く前に途中で失われることもあります。相手が受け取ったかどうかを確認したい場合は、「受け取ったら返事をください」と一言書いておくとよいでしょう。最近ではメール受信確認機能の付いたメーラーもあります。ただし返信を催促するようなメールを、再度送ることはネチケット（ネット＋エチケットの造語）違反ですので注意して下さい。

（7）メールのアドレスは正確を期すようにしましょう。存在しないアドレスに送ってしまった場合はあて先不明で返送されてきますが、それに要するだけのコンピュータの資源を浪費してしまいます。また、存在しているアドレスであっても、自分が出したい相手のアドレスでなかった場合（偶然他人のアドレスだった場合）は、間違った相手に届いてしまうことになります。

また　メーラーの返信機能を使う場合、返信先が意図した相手なのか確認しましょう。元のメールのヘッダ（メールの最初の部分）にCcやReply-Toの指定があると返信先が変ることがあります。ML（メーリングリスト）などで、返事を発信者に出すつもりでMLの全員にメールを出してしまうこともあります。

（8）デマや噂、根拠のない話をうのみにして、それを元に他人にメールを送るのは避けましょう。たとえば「〇日内に〇人に対し、同様のメールを送って下さい。さもないとウイルスがあなたのパソコンを汚染します」といった内容のメールは、技術的な知識さえあれば真偽を判定できますが、技術的な知識のない人は判定できないでしょう。もし、このような情報がウソであるにもかかわらず、信用してメールを知人に出し、またその知人も……。このようなメールはねずみ算式に増えてゆきネットワークの資源が意味もなく浪費されてしまいます（「チェインメール」（chain mail）と呼ぶ）。

　これを読んで、気が付いた学生もいるでしょう。「不幸の手紙」と同じ仕組みです。「手紙」が「電子メール」へ、「不幸が起きる」が「ウィルスに冒される」と時代に合わせて変化したわけです。偽情報を流した元の人間は、混乱を起こすことをねらいにしています。

（9）メールは基本的に文字情報を通じた意思伝達手段ですので、感情を伝えることは難しいものです。相手に送ったメールを相手がどのように解釈するかも相手次第です。したがって、メールを読む相手がどんな気持ちを持つか考えたうえで、メールを書くようにしましょう。あなたのちょっとした表現が、相手を不快にさせたり、相手を怒らせるような結果に陥る可能性を常に警戒すべきでしょう。

顔を合わせて話していれば問題なく意思疎通ができるのに、それを電子メールにした途端に通じなくなったり、誤解を招いてしまったりすることもあり得ます。

　「メールは誤解の発生装置である」と言う人もいます。いずれにしても自分が思ったとおりのニュアンスを文章に含めることは難しく、その文章に頼っているメールもまた同じ宿命を背負っているはずです。ちょっとした表現の、書き手と読み手のニュアンスの違いから感情のすれ違いが発生することは実際にめずらしいことではありません。

# 第 3 章

# 表の作成

第3章 表の作成

## 1 Excel

　Microsoft Excelは世界中で利用される人気の高い表計算ソフトです。Excelはその名の通り（英語で「まさる、秀でる」といった意）、表計算からグラフ、図形、データベースなどの幅広い機能をもっています。ここでは、Excelの基本的な操作方法と、どのような機能があるのかを紹介していきます。

〈起動〉

図3-1-1 「Microsoft Excel」アイコン

　画面上に表示されている「Microsoft Excel」アイコンをダブルクリックするか、または スタート →「すべてのプログラム（P）」→「Microsoft Excel」を選択し、クリックします。図3-1-2のExcel実行画面が表示されます。

〈終了〉
メニューバー上の「ファイル（F）」→「終了（X）」をクリックするか、ウィンドゥ右上の ✕ をクリックしてください。

〈各名称〉
　Excelには、各所について独特の名称がついています。図3-1-2を参照しながら確認してください。

1 Excel

図3-1-2 Excel実行画面

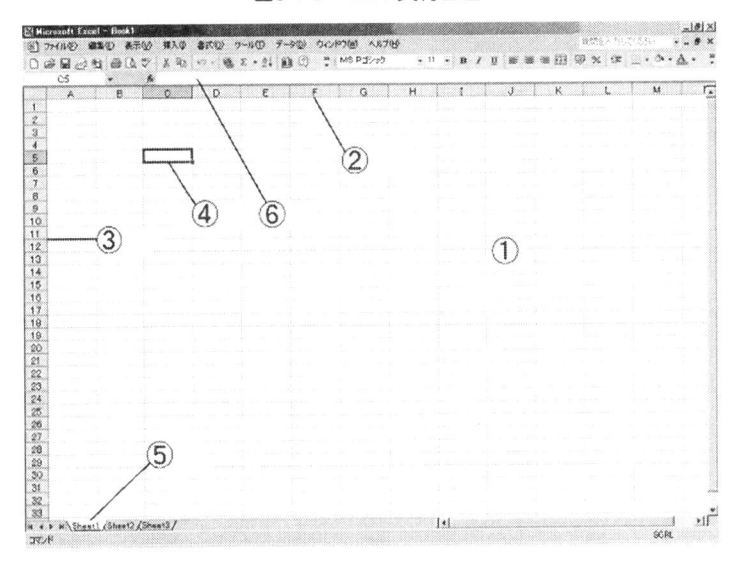

①ワークシート……エクセルで作業を行うための用紙
②列……ワークシートの左右の位置　A、B、C列
③行……ワークシートの上下の位置　1、2、3行
④アクティブセル……選択されたセル（セルとはワークシート上の
　　　　　　　　　各マス目のこと）
⑤シート見出し……各ワークシートの見出し（タブ）を表示
⑥数式バー……アクティブセル内のデータや数式を表示

第3章　表の作成

図3-1-3　主なボタン

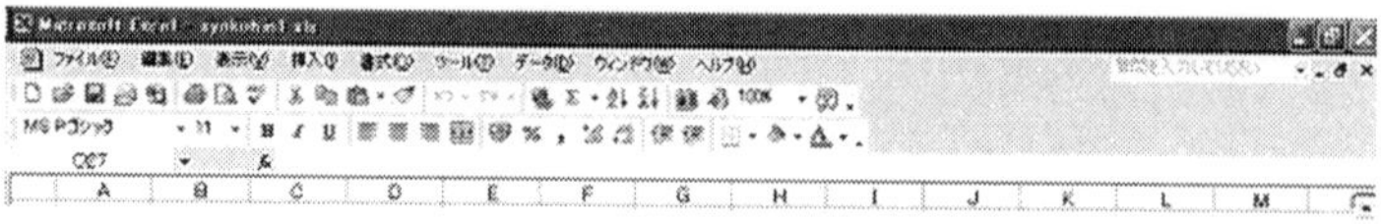

各ボタンをみると（図3-1-3）、ワードのそれとほぼ同じであることがわかるでしょう。機能もWordのボタンが示すそれと一緒ですから、新規作成や保存など詳しくは「Word編」を参照してください。またExcel編ではさまざまな機能を利用しますから、ボタンの表示は、メニューバーの「ツール」→「ユーザー設定」→「オプション」タブの「メニューとツールバー」にある２つのチェックボタンにチェックを入れておきます。

## 2　データの入力と印刷

実際に練習用のデータを入力し、Excelの各機能を確認します。なお、図表3-2-1のデータは、NIKKEI NET：ザ・ランキング（http://rank.nikkei.co.jp/）を参考にしています。

図表3-2-1　食品産業（2003年度資産合計上位50社）

| 会社名 | 資産合計 | 売上高 | 営業利益 | 経常利益 |
|---|---|---|---|---|
| 日本たばこ産業株式会社 | 2,957,665 | 4,492,263 | 188,963 | 173,231 |
| キリン | 1,744,131 | 1,583,248 | 89,789 | 84,443 |
| アサヒ | 1,294,738 | 1,375,267 | 69,341 | 57,555 |
| 味の素 | 864,588 | 987,727 | 54,059 | 56,888 |
| サッポロHD | 717,486 | 511,751 | 10,978 | 2,366 |
| その他 | 8,330,807 | 12,284,574 | 402,785 | 396,891 |

（単位：100万円）

これをExcelに入力すると、図表3-2-2のようになります。

図表3-2-2　食品産業：Excel①

|   | A | B | C | D | E | F |
|---|---|---|---|---|---|---|
| 1 | 食品産業（2003年度資産合計上位50社） | | | | | |
| 2 | 会社名 | 資産合計 | 売上高 | 営業利益 | 経常利益 | |
| 3 | 日本たばこ | 2957665 | 4492263 | 188963 | 173231 | |
| 4 | キリン | 1744131 | 1583248 | 89789 | 84443 | |
| 5 | アサヒ | 1294738 | 1375267 | 69341 | 57555 | |
| 6 | 味の素 | 864588 | 987727 | 54059 | 56888 | |
| 7 | サッポロHD | 717486 | 511751 | 10978 | 2366 | |
| 8 | その他 | 8330807 | 12284574 | 402785 | 396891 | |
| 9 | | | | | | |

項目のうち、会社名がセルからはみ出ていますので、列の幅を広げます。A列とB列の間の縦線にマウスポインタを移動します。ポインタの形が変わったらクリックしたまま右へ移動すると、その分だけ、セル幅が拡張します（図表3-2-3）。

図表3-2-3　食品産業：Excel②

|   | A | B | C | D | E | F |
|---|---|---|---|---|---|---|
| 1 | 食品産業（2003年度資産合計上位50社） | | | | | |
| 2 | 会社名 | 資産合計 | 売上高 | 営業利益 | 経常利益 | |
| 3 | 日本たばこ産業株式会社 | 2957665 | 4492263 | 188963 | 173231 | |
| 4 | キリン | 1744131 | 1583248 | 89789 | 84443 | |
| 5 | アサヒ | 1294738 | 1375267 | 69341 | 57555 | |
| 6 | 味の素 | 864588 | 987727 | 54059 | 56888 | |
| 7 | サッポロHD | 717486 | 511751 | 10978 | 2366 | |
| 8 | その他 | 8330807 | 12284574 | 402785 | 396891 | |
| 9 | | | | | | |

次に作成した表を印刷します。印刷するにはワークシート上で印刷する範囲を指定します。この課題では、A1：E8がその範囲ですから、ポインタをA1まで移動し、クリックしたままE8まで移動すると、範囲指定することができます（図表3-2-4）。

第3章　表の作成

図表3-2-4　Excel③

| | A | B | C | D | E | F |
|---|---|---|---|---|---|---|
| 1 | 食品産業（2003年度資産合計上位50社） | | | | | |
| 2 | 会社名 | 資産合計 | 売上高 | 営業利益 | 経常利益 | |
| 3 | 日本たばこ産業株式会社 | 2957665 | 4492263 | 188963 | 173231 | |
| 4 | キリン | 1744131 | 1583248 | 89789 | 84443 | |
| 5 | アサヒ | 1294738 | 1375267 | 69341 | 57555 | |
| 6 | 味の素 | 864588 | 987727 | 54059 | 56888 | |
| 7 | サッポロHD | 717486 | 511751 | 10978 | 2366 | |
| 8 | その他 | 8330807 | 12284574 | 402785 | 396891 | |
| 9 | | | | | | |

　メニューバーの「ファイル」→「印刷プレビュー」で、印刷イメージを確認したら、 閉じる(C) で印刷プレビューを閉じ、「ファイル」→「印刷」で実際に印刷を行います。

## 3　データの保存

　作成したファイルを保存します。メニューバーの「ファイル」→「名前をつけて保存」をクリックします。保存したい場所（大学のPC教室の場合は、持参した自分のリムーバブルディスク）を「保存先（I）：」に指定し、「ファイル名（N）：」に「syokuhin」と入力し最後に「保存」ボタンをクリックします（図3-3-1）。

3 データの保存

図3-3-1 （マイコンピュータからリムーバブルディスクを開く）

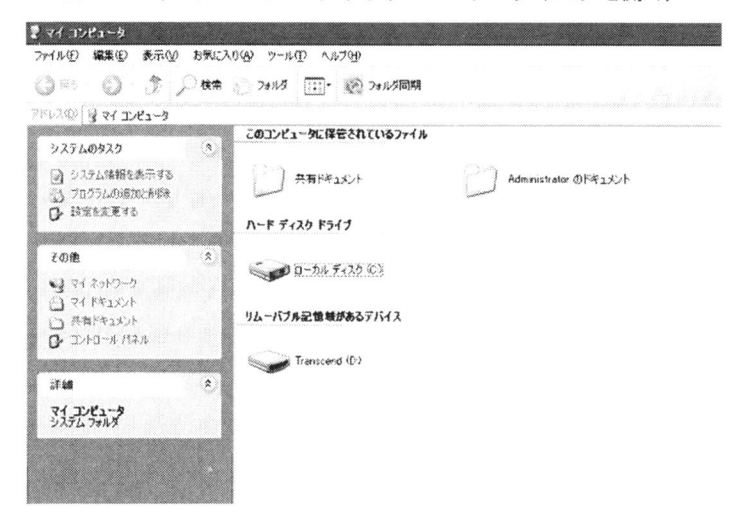

また、2度目以降同じファイルに上書きするときには、「ファイル」→「上書き保存」をクリックするか、ツールバーの 💾 ボタンをクリックすると、保存することができます。

## 4　計算

まず図表3-2-1であげた5社の資産合計、売上高、営業利益、経常利益の各々の総和を求める計算を行います。

たとえば資産合計ならばB9をアクティブセルにし、オートSUMボタンをクリックします。

図3-4-1　オートSUMボタン

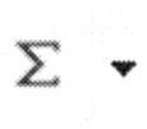

Σ ▼

オートSUMボタンとは、SUM関数を使用して自動的に数値をたします。わかりやすく言えば、表に合計を出すときに使用します。「オートSUM」を使用すると計算のミスがなく、簡単に数値の合計を出すことができます。

このボタンをクリックすると、対象となるセル範囲が自動的に表示されます。範囲が適切でない場合には、必要な範囲をドラッグし、Enterキーを押します。

また、ボタン横にある「▼」をクリックすることで、AVERAGE（平均）、COUNT（データの個数）、MAX（最大値）、MIN（最小値）などのよく使う関数を利用することもできます。

4 計算

図表3-4-2　オートSUM

| 資産合計 | 売上高 |
|---|---|
| 2957665 | 4492263 |
| 1744131 | 1583248 |
| 1294738 | 1375267 |
| 864588 | 987727 |
| 717486 | 511751 |
| 8330807 | 12284574 |
| =SUM(B3:B8) | |

SUM(**数値1**, [数値2], …)

　セルＢ９に、図表3-4-2のように表示されますから、合計を出したい範囲（Ｂ３：Ｂ８）が選択されているか確認し、正しければ「Enter」キーを押します。ここでは、セルＢ３からＢ７の内容、つまり資産合計の和をセルＢ８に入れるという命令を示していることになります。

　次にこの結果を、オートフィル機能を使って右方向へ複写します。セルＢ８をアクティブにして右下角にマウスポインタを移動すると、ポインタの形が「＋」に変わります。Ｅ９までクリック＆ドラッグをすれば、図表3-4-3のように複写が完了します。

図表3-4-3　オートフィル機能

| | A | B | C | D | E | F |
|---|---|---|---|---|---|---|
| 1 | 食品産業（2003年度資産合計上位50社） | | | | | |
| 2 | 会社名 | 資産合計 | 売上高 | 営業利益 | 経常利益 | |
| 3 | 日本たばこ産業株式会社 | 2957665 | 4492263 | 188963 | 173231 | |
| 4 | キリン | 1744131 | 1583248 | 89789 | 84443 | |
| 5 | アサヒ | 1294738 | 1375267 | 69341 | 57555 | |
| 6 | 味の素 | 864588 | 987727 | 54059 | 56888 | |
| 7 | サッポロHD | 717486 | 511751 | 10978 | 2366 | |
| 8 | その他 | 8330807 | 12284574 | 402785 | 396891 | |
| 9 | | 15909415 | 21234830 | 815915 | 771374 | |
| 10 | | | | | | |
| 11 | | | | | | |

第3章　表の作成

　次にF列に売上シェア（食品産業全体の総売上高に占めるその会社の売上高の割合（%））を計算します。「日本たばこ産業株式会社」のシェアを求めるための式は、

　日本たばこ産業株式会社の売上シェア（%）＝4492263÷21234830×100

ですが、Excelでこの計算を行う場合には、セルF3に、

　＝C3/C9*100

と入力し、Enterキーを押します。ここでは、Excelには四則計算のための演算記号があることに注意してください。

　＋（和）　→　＋
　－（差）　→　－
　×（積）　→　＊
　÷（除）　→　／

　そのセルには正しい結果が表示（21.15516）されますので、式そのものは正しいのですが、先ほどのオートフィル機能を利用してセルF4以降に複写するとセルF4に入力される「キリン」の売上シェアの計算式が、

　＝C4/C10*100

となり、ここではセルC10が空欄で0ですから、「#DIV/0!」と表示されオートフィル機能を有効に活用できません。これは、複写の

操作によって分子（C4）も分母（C9）も下へ1つずつ変化したことによります。

このようにExcelでは、計算式を他のセルに複写すると、計算対象のセルも自動的に平行移動して変わります。この機能を、相対参照といいます。これに対し、セル名の前に$を付けることで、計算式を複写してもセルが変わらないようにできます。これを絶対参照といいます。絶対参照では、列と行の前に$を付けることで、列あるいは行だけを絶対参照にすることも、列・行とも絶対参照とすることもできます。

参照方法の切り替えは、「F4」キーを複数回押すと、参照方法を切り替えることができます。1回ごとに$の位置が変わり、$C$9→C$9→$C9→C9→$C$9と繰り返します。

$C$9……絶対参照（列も行も固定）
C$9……複合参照（列は自動調整、行は固定）
$C9……複合参照（列は固定、行は自動調整）
C9……相対参照（列も行も自動調整）

この例題では、C9をC$9とします。したがってセルF3の内容を、

＝C3/C$9＊100

とすれば、オートフィル機能を使いセルF4からセルF9まで複写するとき、分母はC3、C4、C5……と変化しても分母は複合参照（列は自動調整、行は固定）であるため変化しません。これによって、複写先でも正しく売上シェアの計算が行われることになります。このように複写を行った結果は図表3-4-5のとおりです。

第 3 章　表の作成

図表3-4-5　売上シェア

| | A | B | C | D | E | F | G |
|---|---|---|---|---|---|---|---|
| 1 | 食品産業（2003年度資産合計上位50社） | | | | | | |
| 2 | 会社名 | 資産合計 | 売上高 | 営業利益 | 経常利益 | 売上シェア | |
| 3 | 日本たばこ産業株式会社 | 2957665 | 4492263 | 188963 | 173231 | 21.15516 | |
| 4 | キリン | 1744131 | 1583248 | 89789 | 84443 | 7.455901 | |
| 5 | アサヒ | 1294738 | 1375267 | 69341 | 57555 | 6.476468 | |
| 6 | 味の素 | 864588 | 987727 | 54059 | 56888 | 4.651448 | |
| 7 | サッポロHD | 717486 | 511751 | 10978 | 2366 | 2.40996 | |
| 8 | その他 | 8330807 | 12284574 | 402785 | 396891 | 57.85106 | |
| 9 | | 15909415 | 21234830 | 815915 | 771374 | 100 | |
| 10 | | | | | | | |

　またF列には小数点以下の桁が多く表示されていますが、小数点以下2桁程度表示する方が見やすくなります。F3：F9を範囲指定し、小数点表示桁下げボタン を数回クリックすれば小数点以下2桁に調整できます。また表示桁を上げるときには同様に、小数点桁上げボタン を数回クリックします。より詳しい調整のためにはメニューバーの「書式」→「セル」をクリックして表示形式を選択します。

　表が完成した後、Excelでは各種のグラフを簡単に作成することができます。ここではsyokuhinのデータを用いて基本的なグラフの作成方法を紹介します。
　まず、資本合計の比較をするための棒グラフを作成します。グラフを作成するには、

①グラフに描く項目名と変数の設定
②描く場所の指定

を行います。
　①のためにはグラフの対象となるデータ領域を範囲指定します。

ここでは資本合計に関するグラフ作成ですから、Ａ２：Ａ８を範囲指定し（図表3-4-6）、「グラフウィザード」ボタン をクリックします。

図表3-4-6 グラフ作成①

|  | A | B |
|---|---|---|
| 1 | 食品産業（2003年度資産合計上位50社） | |
| 2 | 会社名 | 資産合計 |
| 3 | 日本たばこ産業株式会社 | 2957665 |
| 4 | キリン | 1744131 |
| 5 | アサヒ | 1294738 |
| 6 | 味の素 | 864588 |
| 7 | サッポロHD | 717486 |
| 8 | その他 | 8330807 |
| 9 | | 15909415 |
| 10 | | |

「グラフウィザード－１／４」が立ち上がりますので、図表3-4-7に示すように、「グラフの種類：縦棒」、「形式：集合縦棒」を選択して、 次へ(N)> をクリックします。「グラフウィザード－２／４」では、グラフを作成するもとの「データ範囲：」が正しいかを確認し、 次へ(N)> をクリックします。

第3章　表の作成

図表3-4-7　グラフ作成②

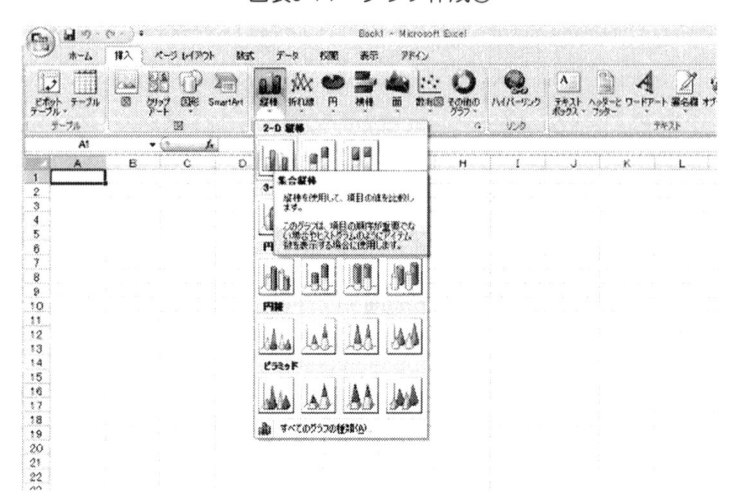

　「グラフウィザード－3／4」では、「グラフタイトル：」に資本合計と記入し、さらに概略を見ながら、希望通りのグラフができているかをチェックし、よければ　次へ(N)＞　をクリックします。

図表3-4-8　グラフ作成④

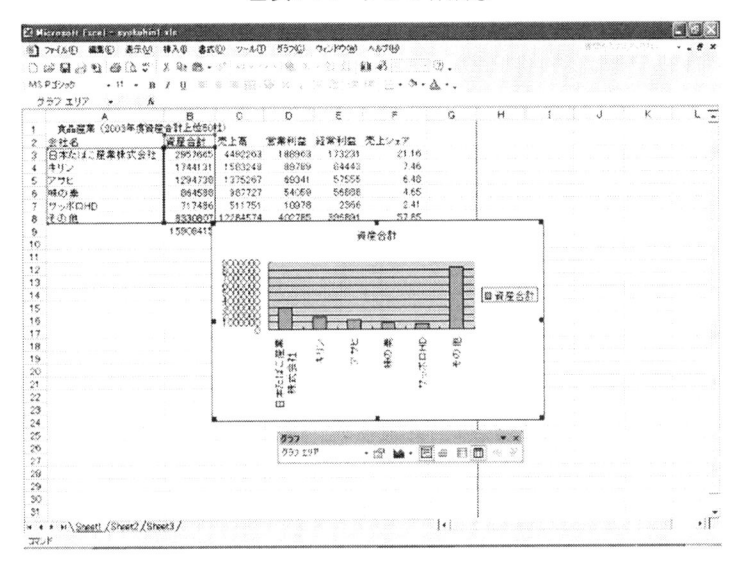

さらに、Excelで作成したグラフを他のアプリケーションソフトで利用することができます。まず元になるグラフをクリックして選択し、メニューバーの「編集」→「コピー」をクリックするか、コピーボタン をクリックすると、Windowsがシステムとして持っているクリップボードにグラフのデータが取り込まれます。

第3章 表の作成

　Wordなど、他のアプリケーションソフトの目的の場所にカーソルを移動して、「貼り付け」を行えば、貼り付けることができます（図表3-4-9）。

図表3-4-9　他のアプリケーションでの利用（Word）

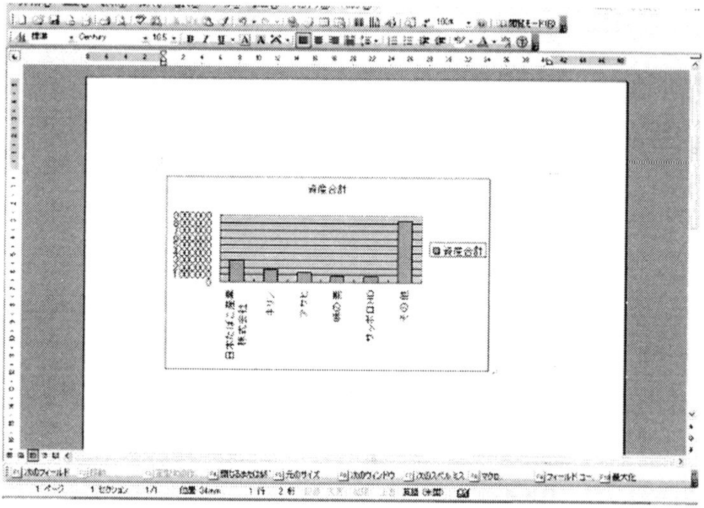

# 第4章

## プレゼンテーション

第4章　プレゼンテーション

## 1　PowerPointの起動と終了、各名称

　PowerPointは、大学や企業などでプレゼンテーション用資料を作成する際、よく使われるアプリケーションソフトです。電子プレゼンテーション上では文面だけでなく、テレビのような特殊効果、音楽、ビデオ、アニメクリップを使用することができます。ここでは、PowerPointの基本的な操作方法と、どのような機能があるのかを紹介します。

図4-1-1　「Microsoft PowerPoint」アイコン

　画面上に表示されている「Microsoft PowerPoint」アイコンをダブルクリックするか、または スタート →「すべてのプログラム(P)」→「Microsoft PowerPoint」を選択し、クリックします。図4-1-2 PowerPoint実行画面が表示されます。

**＊終了**

　メニューバー上の「ファイル (F)」→「終了 (X)」をクリックするか、ウィンドゥ右上の ✕ をクリックしてください。

　PowerPointには、各所について独特の名称がついています。図4-1-2を参照しながら確認してください。

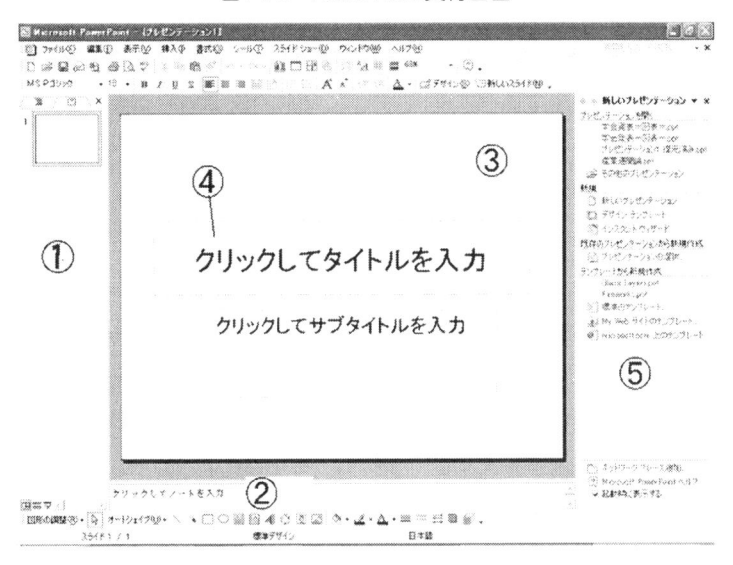

1　PowerPointの起動と終了、各名称

図4-1-2　PowerPoint実行画面

①アウトラインペイン……複数のスライドを切り替えたり簡易的に編集するエリア

②ノートペイン……発表者用のメモを書き込むためのエリア

③スライドペイン……プレゼンテーション時に使うスライドを編集するエリア

④プレースフォルダ……タイトルや箇条書きのテキストなどをここに入力する

⑤作業ウィンドウ……「▼」をクリックして、使用頻度の高い機能や各種テンプレートを表示できる。

## 2 タイトルとテンプレート

新しいプレゼンテーションを作成します。「クリックしてタイトルを入力」部分をクリックし、タイトルを入力します。例では、「コンピュータリテラシー」と入力します。同様に「クリックしてサブタイトルを入力」部分に、名前を入力します。

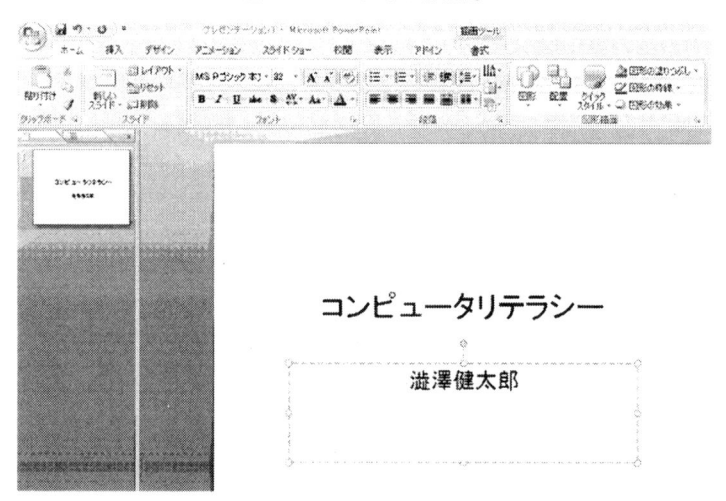

図4-2-1 スライド作成①

デザイン テンプレートとは、プレゼンテーションを作成するために、スライド上のデザインや配色、フォントの書式などがあらかじめ設定されたひな形のファイルのことです。PowerPoint2007では数十種類のデザイン テンプレートが用意されています。

作業ウィンドウの「▼」をクリックして、「スライドのデザイン－デザイン テンプレート」をクリックします。目的に沿ったイメージのデザインかどうかを考えながら、好みのテンプレートをクリッ

クします。

図4-2-2　スライド作成②

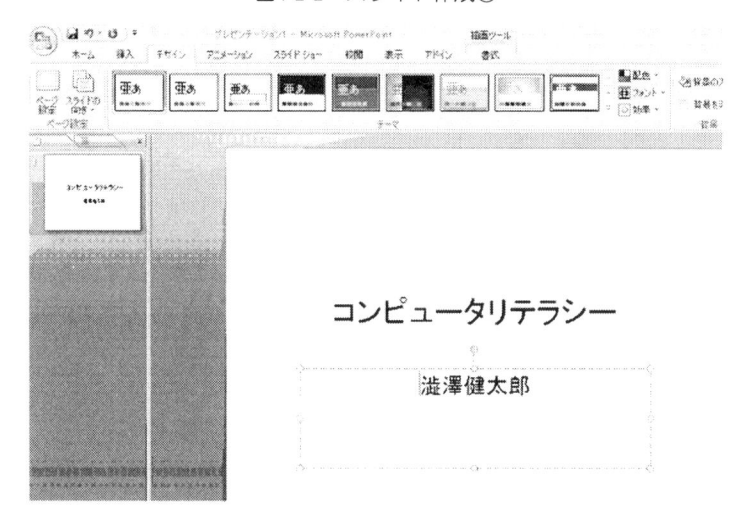

第4章　プレゼンテーション

## 3　スライドの追加とヘッダー／フッター

　タイトルを作成したら、次に2枚目のスライドを追加します。プレゼンテーションには必要に応じてスライドを追加したり削除することができます。スライドを追加するには、「書式設定ツールバー」の 新しいスライド(N) ボタンをクリックするか、「挿入 (I)」→「新しいスライド (N)」をクリックします。

　自動的に表示される「スライドのレイアウト」作業ウィンドウでスライド レイアウトをクリックして変更することができます。図4-3-1の例では「タイトルとテキスト」レイアウトを使用します。

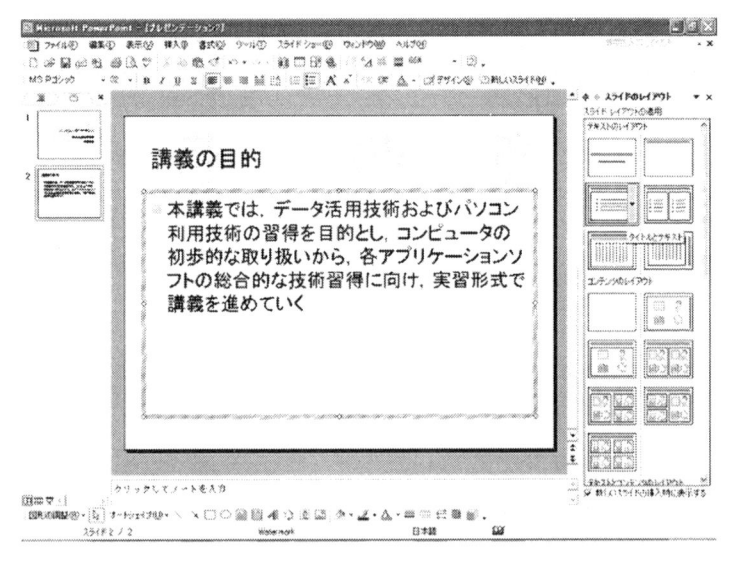

図4-3-1　スライド作成③

　タイトルに「講義の目的」、テキスト部分に「本講義では、データ活用技術およびパソコン利用技術の習得を目的とし、コンピュー

タの初歩的な取り扱いから、各アプリケーションソフトの総合的な技術習得に向け、実習形式で講義を進めていく」と入力します。

　ヘッダーは文章の最上部に、フッターは文章の最下部に表示された日付、スライド番号、任意の文字列を加えることができます。スライドの枚数が増えてくると、スライドにページ数をふる必要もあるでしょう。

　「表示（V）」→「ヘッダーとフッター（H）」をクリックし、ウィンドウを開きます。「スライド番号」を挿入する場合には、チェックボックスをオンにします。また「日付と時刻」や「フッター」に文字列を挿入する場合も同様です。

図4-3-2　「ヘッダーとフッター」ウィンドウ

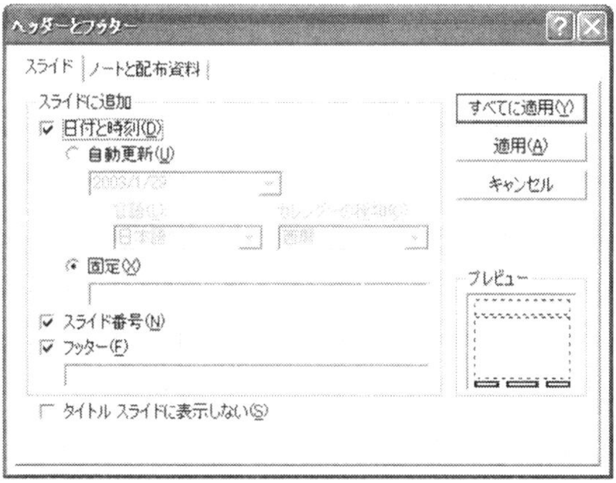

## 4　オートシェイプ

「図形描画」ツールバーでは、直線、矢印、四角形、楕円を作成することができます。また、 オートシェイプ(U)▼ ボタンを使えば、ブロック矢印やフローチャート、星とリボン、吹き出しなどの図形を、マウスのドラック操作で作成することができます。また、図表の中に文字を入力したり、塗りつぶしの色を変更することもできます。

例では、スライド番号2の内容を、図表化します。まず、「新しいスライド」を追加し、「スライドのレイアウト」は「タイトルのみ」を選択します。ここでは、デザイン テンプレートの変更も行っています。テンプレート「Balloons」にマウスを合わせ、「▼」をクリックします。「選択したスライドに適用（S）」をクリックすると、他のスライドは上で選択した「Watermark」、スライド番号3のみが「Balloons」のテンプレートが適用されます。

タイトルを入力したら、 オートシェイプ(U)▼ ボタンから「ブロック矢印（A）」→「右矢印吹き出し」をクリックします。マウスポインタを描きたい位置へ移動し、図形の対角線を描くように左上から右下へドラッグして、希望の大きさの図形を描きます。

図形を右クリックして、表示されるショートカットメニューの「テキストの追加（X）」をクリックします。カーソルが表示され、図形に文字を入力することができます。例では、縦書きと横書きがありますが、 （文字方向の変更）ボタンを利用して調整します。図4-4-1を参考に、スライド番号を完成します。

4 オートシェイプ

図4-4-1 スライド作成④

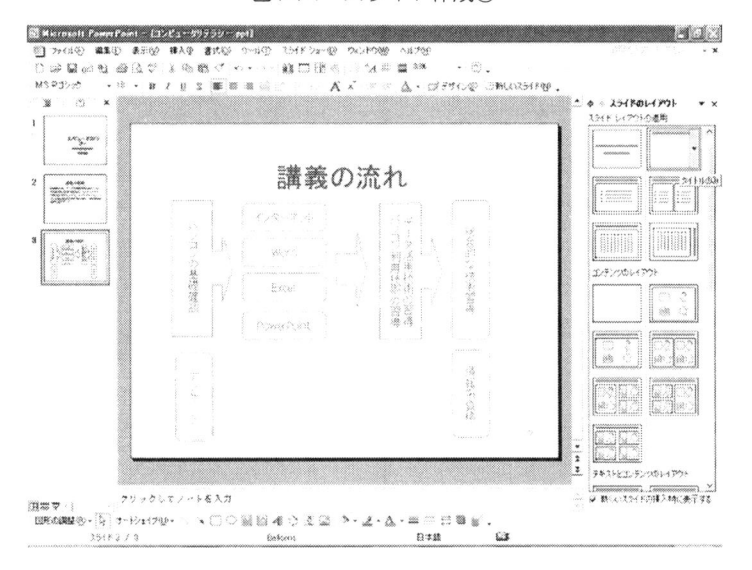

第4章　プレゼンテーション

## 5　図の挿入とアニメーション

　スライドには、図表や写真、音声、ビデオなどを挿入することができます。Microsoft Office製品に付属するイラスト集＝クリップアートを使えば、簡単に図を挿入することが可能です。

　スライド番号では、「スライドのレイアウト」は「タイトル、テキスト、コンテンツ」を選択します。例に従って、タイトル、テキスト部分を作成します。

　コンテンツ部分にクリップアートを利用します。図形描画ツールバーの ▣ （クリップアートの挿入）ボタンをクリックし、「クリップアートの挿入」作業ウィンドウを開きます。クリップアートには、あらかじめキーワードが設定されているため、「検索文字列：」ボックスにキーワードを入力し、キーワードに合致したクリップアートをスライドに挿入します。図4-5-1では、「パソコン」に関するキーワードを検索し、好みのものをコンテンツに利用します。

5　図の挿入とアニメーション

図4-5-1　スライド作成⑤

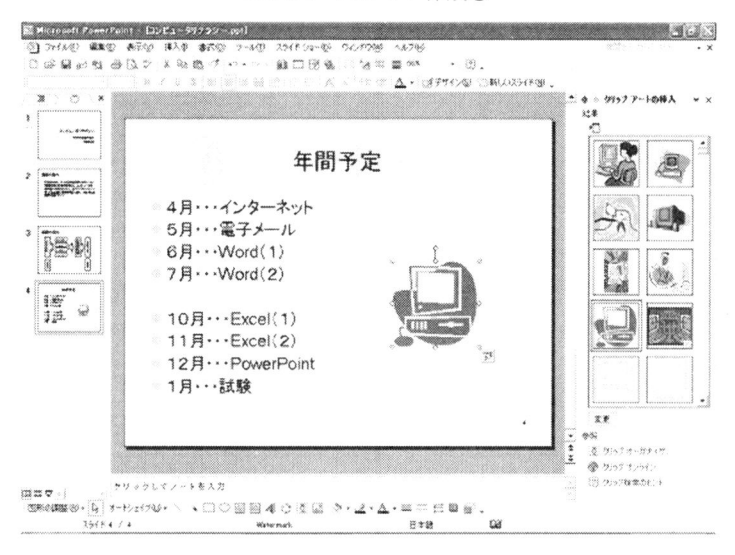

　PowerPointでは、テキスト、図表などスライド上の全てのオブジェクトにアニメーションを設定することができます。作業ウィンドウの「▼」から「アニメーションの設定」をクリックします。アニメーションを設定する部分をクリックし（例では、スライド番号1のタイトル「コンピュータリテラシー」部分）、 効果の追加 ▼ をクリックし、「開始(E)」、「強調(M)」、「終了(X)」、「アニメーションの軌跡(P)」の中から、設定したい効果を選択し、さらに細かなアニメーション効果を設定します。例では、「開始(E)」→「スライドイン」を利用します。

　アニメーションの開始のタイミングや、方向、早さなど、詳細な設定についても作業ウィンドウ上で行うことができます。

第4章 プレゼンテーション

図4-5-2 アニメーションの設定

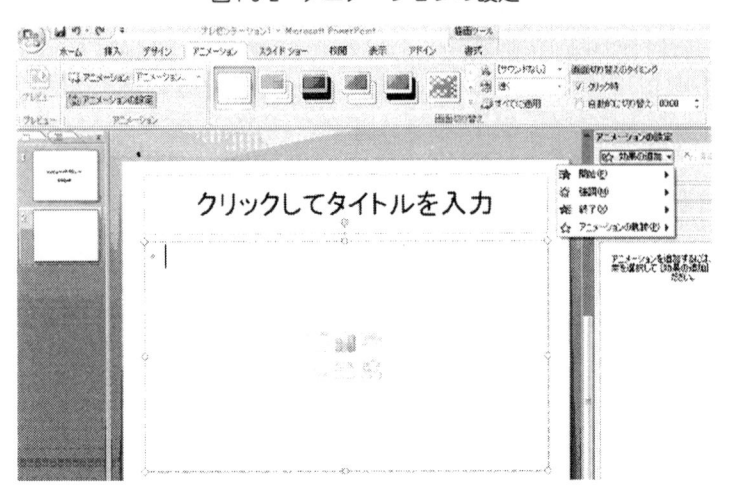

# 6 スライドショー、印刷

ここまでの過程で、4枚のスライドができあがりました。さっそく電子プレゼンテーションを行います。「スライドショー」を実行するには、「スライドショー (D)」→「実行 (V)」をクリックする方法や、F5キーを押す方法などいくつかの方法があります。

スライドショーが始まりました。スライドショーは、マウスをクリックすることで、次のスライドを表示したり、設定されているアニメーション効果を順番に実行します。

また、スライドショー画面の左下に表示される ｜「ショートカットメニュー」ボタンをクリックして、スライドを前後させたり、ペンを利用して電子プレゼンテーションを行っていきます。

PowerPointで作成したスライドは、もちろん印刷することができます。残念ながら、電子プレゼンテーションを行えない環境の場合、OHPシートなどに印刷して、スクリーンに投射します。

まず、印刷する前に画面上で印刷のイメージを確認します。「印刷プレビュー」ボタンをクリックするか、「ファイル (F)」→「印刷プレビュー (V)」を選択し、プレビュー画面を表示します。スライドに問題がないことを確認し、閉じる(C) をクリックします。

実際に印刷するには、「ファイル (F)」→「印刷 (P)」をクリックし、「印刷」ウィンドウを立ち上げます。このウィンドウでは、印刷範囲や印刷部数を設定できるので、希望の条件に設定します。

最後に OK をクリックし、印刷を開始します。

第4章 プレゼンテーション

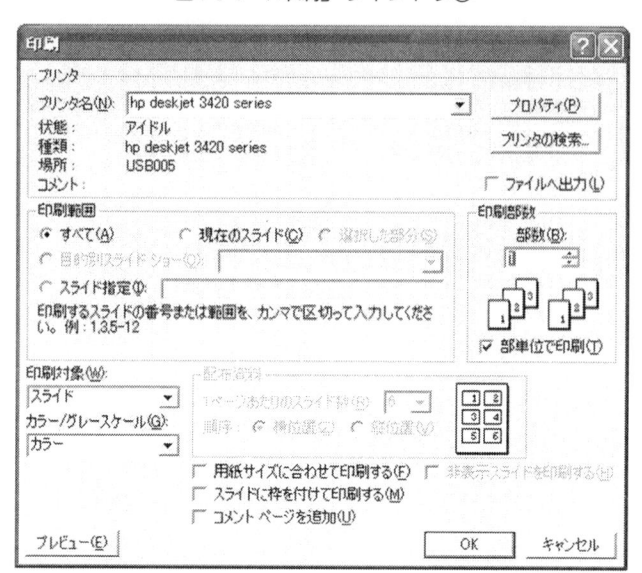

図4-6-1 「印刷」ウィンドウ①

また、発表時に配布する資料として、スライドを印刷する場合には、「印刷」ウィンドウの「印刷対象（W）」を「配布資料」にし、「1ページあたりのスライド数（R）」や「順序」を設定して、印刷することができます。

図4-6-2 「印刷」ウィンドウ②

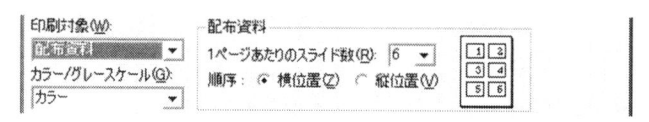

以上のような機能を利用して、電子プレゼンテーション用スライドから配布資料まで完成しました。

# 7　プレゼンテーション事例

　パワーポイントを使うプレゼンテーションについて話をすすめていますが、プレゼンテーションとしてあまりよくないと思う事例があります。たとえば図4-7-1のように内容を詰め込みすぎてしまうことです。

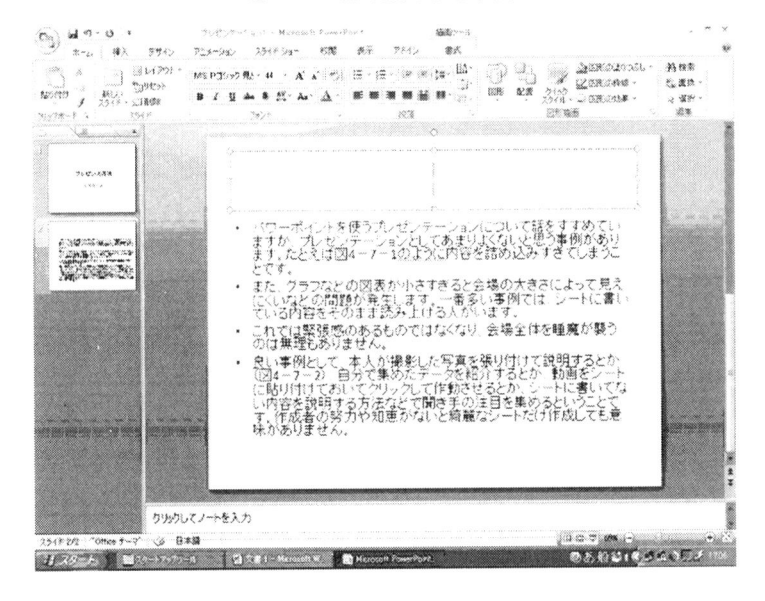

図4-7-1　詰め込みすぎ事例

　また、グラフなどの図表が小さすぎると会場の大きさによって見えにくいなどの問題が発生します。一番多い事例では、シートに書いている内容をそのまま読み上げる人がいます。

　これでは緊張感のあるものではなくなり、会場全体を睡魔が襲うのも無理もありません。それに読み上げるだけのプレゼンテーショ

ンであればプリントを印刷して配布すれば事足ります。URLを張り付けてそのままインターネットを利用する手法もありますが、環境によっては接続するのに時間がかかってしまったりします。筆者も「それではこれからインターネットにつないで事例紹介します」とプレゼンテーターが説明したにもかかわらず、いくら待ってもつながらないのを見たことがいく度かあります。プレゼンテーションの多くは制限時間が課されるなどして適当な時間で行うものではないことを考えれば、このような方法もリスクが高いといえます。

　よい事例として、本人が撮影した写真を張り付けて説明するとか（図4-7-2）、自分で集めたデータを紹介するとか、動画をシートに貼り付けておいてクリックして作動させるとか、シートに書いてない内容を説明する方法などで、聞き手の注目を集めるということです。作成者の努力や知恵がないと綺麗なシートだけ作成しても意味がないものになってしまいます。

7 プレゼンテーション事例

図4-7-2 写真を使ったプレゼン

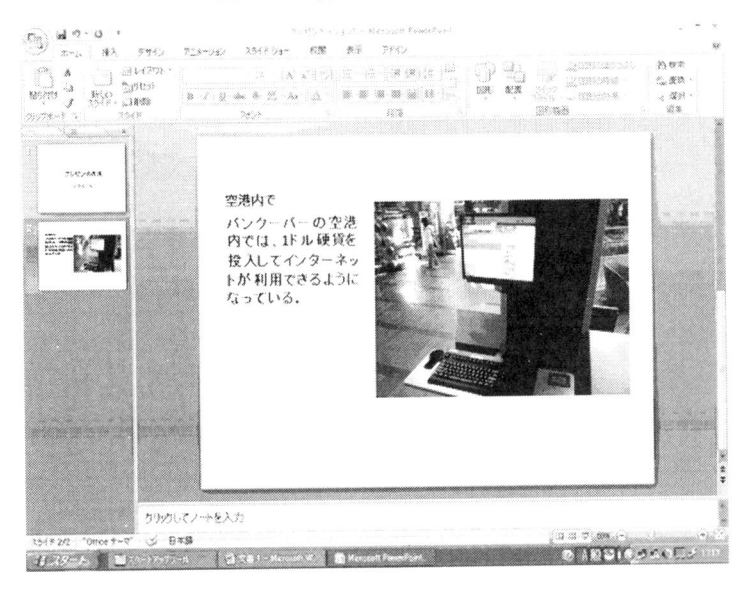

# 第Ⅱ部

# 先進的なWebサービスの活用

# 第5章

# Gmail 編

Gmailは、Google社の提供する、先進的なWebメールサービスです。本章では、たくさんある機能の内、効率的な作業に役立つ機能について確認していきます。

第5章 Gmail編

## Gmail編 5-1 Gmailアカウントを取得する Gmailにログインする

POINT：Gmailを利用する上では、まず、アカウントを取得する必要があります。ここでは、その取得手順について見ていきます。

### 手 順

1. Googleのトップページ（http://www.google.co.jp/）にアクセスし、左上のメニューの「Gmail」をクリックします（図5-1-1）。

2. 次に、Gmailのログイン画面が表示されますので、右下の「アカウントを作成する」をクリックします（図5-1-2）。

3. 名前やユーザー名、パスワードなどの入力画面が表示されますので、必須項目に入力を行い、

   | 同意して、アカウントを作成します |

   をクリックすると、アカウントの作成は終了です。

   | メールボックスを開く ▶ | をクリックしてGmailへアクセスしましょう。

4. アカウントを取得後、Gmailにログインするには、図5-1-2の画

5－1　Gmail アカウントを取得する／Gmail にログインする

面でユーザー名、パスワードを入力し、「ログイン」をクリックします。

図5-1-1

ウェブ 画像 動画 地図 ニュース ショッピング Gmail もっと見る ▼　　　　　iGoogle | 検索設定 | ログイン

Google 日本

検索オプション
言語ツール

Google 検索　　I'm Feeling Lucky

広告掲載　Google について　Google.com in English

利用規約　プライバシー

図5-1-2

Gmail

**Google のメール サービス**

Gmail ならメールがもっと便利に、もっと楽しくなります。Gmail には次のような機能があります

**大容量**
7524.202093 MB を超える無料の保存容量が用意されています。

**迷惑メール対策**
迷惑メールを徹底的に撃退

**モバイル アクセス**
携帯で Gmail を見るには、携帯端末のウェブ ブラウザから http://gmail.com にアクセスします。詳細

Google アカウント

ユーザー名:
パスワード:

☐ ログイン状態を保持する
[ログイン]

アカウントにアクセスできない場合

Gmail を初めてご利用の場合、無料で簡単にご利用いただけます。

[アカウントを作成する »]

Gmail について　New!

## Gmail編 5－2 Gmailでメールを送る

**POINT：この項では、Gmailからメールを送る手順を確認します。**

### 手 順

1. Gmailでメールを送るには、最初の画面で、左上にある「メールを作成」をクリックします（図5-2-1）。

2. 続いて、「To:」欄に送り先のメールアドレス、「件名：」欄に件名、その下の入力域に本文を入力し、 送信 をクリックするとメールを送信できます。

5 − 2　Gmail でメールを送る

**図5-2-1**

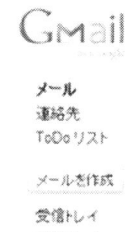

Gmail

**メール**
連絡先
ToDoリスト

メールを作成

受信トレイ
優先トレイ
スター付き ☆
送信済みメール

**図5-2-2**

第5章　Gmail編

## Gmail編 5-3　Gmailで送るメールに署名をつける

**POINT：** この項では、Gmailからメールを送信する際に、本文に「署名」をつける方法を確認します。「署名」は、名前や所属、連絡先など、毎回記入する必要がある情報を記入しておくと、毎度の記入の手間が省け、便利です。

### 手　順

1. Gmail画面上の右上にある「設定」をクリックします（図5-3-1）。

2. 設定画面が開きます。

3. 署名：項目では、最初はラジオボタンが「署名なし」に設定されています（図5-3-2）。

4. ラジオボタンで下の〇をクリックし、

    ◎ **署名なし**
    ◉
    　　書式なし

    　　ここに**署名**を入力

    入力欄に署名を入力します。

100

図5-3-1

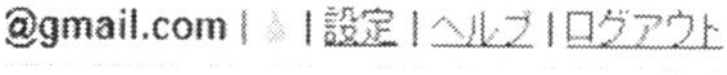
@gmail.com
設定
ヘルプ
ログアウト

図5-3-2

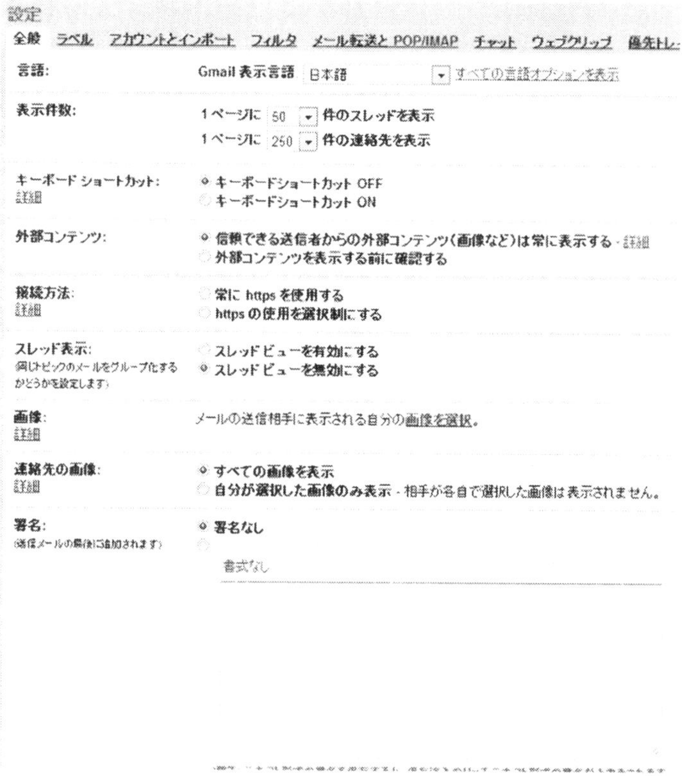
設定
全般
ラベル
アカウントとインポート
フィルタ
メール転送と POP/IMAP
チャット
ウェブクリップ
言語:
Gmail 表示言語
日本語
すべての言語オプションを表示
表示件数:
1ページに 50 件のスレッドを表示
1ページに 250 件の連絡先を表示
キーボード ショートカット:
詳細
キーボードショートカット OFF
キーボードショートカット ON
外部コンテンツ:
信頼できる送信者からの外部コンテンツ(画像など)は常に表示する - 詳細
外部コンテンツを表示する前に確認する
接続方法:
詳細
常に https を使用する
https の使用を選択制にする
スレッド表示:
(同じトピックのメールをグループ化するかどうかを設定します)
スレッド ビューを有効にする
スレッド ビューを無効にする
画像:
詳細
メールの送信相手に表示される自分の画像を選択。
連絡先の画像:
詳細
すべての画像を表示
自分が選択した画像のみ表示 - 相手が各自で選択した画像は表示されません。
署名:
(送信メールの最後に追加されます)
署名なし
書式なし

## Gmail編 5-4 Gmailで効率的にメールを管理する：スターの設定

**POINT**：この項では、Gmailで受信したメールを効率的に管理する方法として「スター」機能について確認します。スターを設定すると、重要なメールを後から直ぐに見付けることができます。

### 手　順

1. 受信したメール左部に注目します（図5-4-1）。

2. ☆ 灰色の星マークをクリックします。

3. 星が黄色に変化します（図5-4-2）。これで、メールに「スター」が設定されました。

4. この手順で、重要なメールに「スター」を設定しておくと、左メニューの「スター付き」をクリックすることで直ぐに呼び出せます（5-4-3）。

5 − 4 Gmail で効率的にメールを管理する

### 図5-4-1

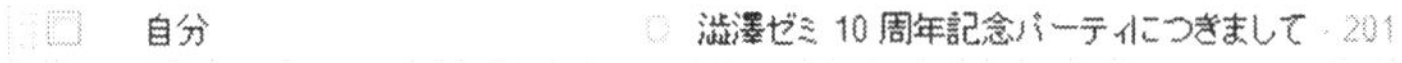

☐ 自分　　　　　　　　　　　　　　渋澤ゼミ 10 周年記念パーティにつきまして - 201

### 図5-4-2

☐ ☆ 自分　　　　　　　　　　　　　渋澤ゼミ 10 周年記念パーティにつきまして - 201

### 図5-4-3

| メール | ▼ アーカイブ 迷惑メールを報告 削除 ＋ − 受信トレイに移動 ラベル▼ その他の操作 |
|---|---|
| 連絡先 | |
| ToDoリスト | ☐ 自分　　　　　　　　受信トレイ 渋澤ゼミ 10 周年記念パーティにつきまして |
| メールを作成 | |
| 受信トレイ | |
| 優先トレイ | |
| **スター付き** | |

## Gmail編 5-5 Gmailで効率的にメールを管理する：ラベルの設定

**POINT**：この項では、Gmailで効率的にメールを管理する方法として「ラベル」の設定方法について確認します。「ラベル」は、メールごとに設定できる「しるし」です。メールを分類する際などに用います。

### 手　順

1．「ラベル」を設定したいメールのチェックボックスをクリックすると、左にチェックマークが付き、メールが選択状態（黄色）になります（図5-5-1）。

2．続いて、上部にある「ラベル」をクリックします。「新規作成」をクリックします（図5-5-2）。

3．ラベルの設定画面になりますので、メールに付加したいラベル名を入力します（図5-5-3）。

4．ラベルを設定すると、メールの頭に、設定したラベル名が表示されるほか、左部メニューからもアクセス可能になります。

5 − 5　Gmail で効率的にメールを管理する

**図5-5-1**

| ✓ ▼ | アーカイブ | 迷惑メールを報告 | 削除 | 移動 ▼ | ラベル ▼ | その他の操作 ▼ | 更新 |

- ☑ Gmail チーム　　　連絡先と古いメールをインポート - Yahoo!, Hotmail,
- ☐ Gmail チーム　　　色やテーマを使って Gmail のデザインを自由に設定
- ☐ Gmail チーム　　　Gmail を携帯電話で利用する - Access Gmail on y

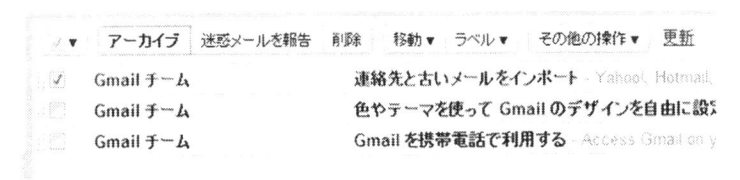

**図5-5-2**

移動 ▼　ラベル ▼

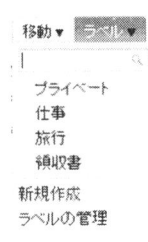

　プライベート
　仕事
　旅行
　領収書
新規作成
ラベルの管理

**図5-5-3**

新しいラベル　　　　　　　　　　　　　　　　　×

新しいラベル名を入力してください
お知らせメール

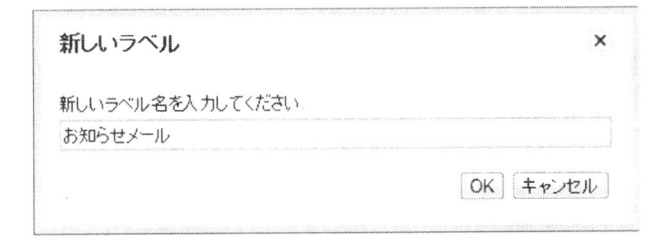

　　　　　　　　　　　　　　　　OK　キャンセル

**図5-5-4**

メール
連絡先
ToDoリスト

メールを作成

受信トレイ (3)
バズ
スター付き ☆
送信済みメール
下書き
**お知らせメール (1)**
プライベート

| ✓ ▼ | アーカイブ | 迷惑メールを報告 | 削除 | 移動 ▼ | ラベル ▼ | その他の操作 ▼ | 更新 |

- ☑ Gmail チーム　　　連絡先と古いメールをインポート - Yahoo!, Hotmail,
- ☐ Gmail チーム　　　色やテーマを使って Gmail のデザインを自由に設定
- ☐ Gmail チーム　　　Gmail を携帯電話で利用する　Access Gmail on y

| ✓ ▼ | アーカイブ | 迷惑メールを報告 | 削除 | 移動 ▼ | ラベル ▼ | その他の操作 ▼ | 更新 |

## Gmail編 5－6 Gmailで受信したメールを他アドレスへ転送する

**POINT**：この項ではGmailで受信したメールを別のメールアドレスへと転送する方法を確認します。

### 手　順

1. まず、転送先のメールアドレスを設定します。右上の設定をクリックします（図5-6-1）。

2. 設定画面が開きますので、「メール転送とPOP/IMAP」をクリックし、「転送先アドレスを追加」をクリックします（図5-6-2）。その後、「許可を確認するための確認コードを送信しました」と表示されますのでOKをクリックします。

3. 転送先のメール側に、確認コードが書かれたメールが届きますので、確認コード確認欄（図5-6-4）に入力します。これで転送先メールアドレスの設定が完了しました。

5－6　Gmailで受信したメールを他アドレスへ転送する

図5-6-1

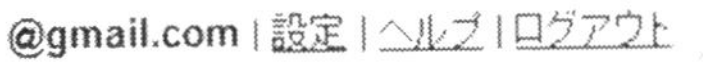

@gmail.com | 設定 | ヘルプ | ログアウト

図5-6-2

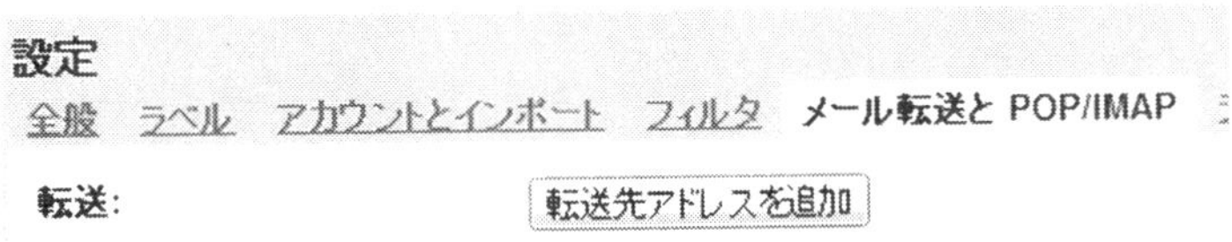

**設定**
全般　ラベル　アカウントとインポート　フィルタ　**メール転送と POP/IMAP**

**転送**:　　［転送先アドレスを追加］

図5-6-3

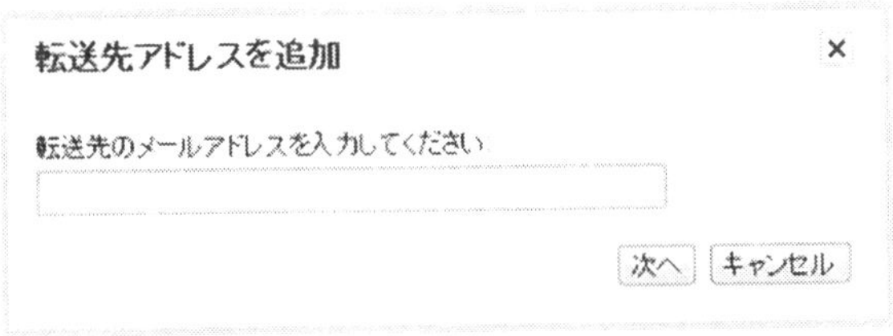

転送先アドレスを追加　　　　×

転送先のメールアドレスを入力してください

　　　　　　　　　　　　［次へ］［キャンセル］

図5-6-4

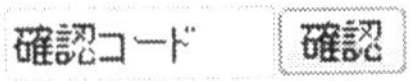

確認コード　［確認］

第5章 Gmail編

## Gmail編 5-7 Gmailを使って特定のメールのみ、他アドレスへ転送する

**POINT：前項で見た、メールの転送の応用編です。たとえば、特定の送り主のメールや、特定の文字が含まれているメールのみを携帯電話のメールへと転送する場合などに利用します。**

### 手　順

1. 設定画面から、「フィルタ」をクリックし、「新しいフィルタを作成」をクリックします（図5-7-1）。

2. フィルタの設定項目画面が開きますので、転送したいメールを選ぶ上での条件を入力します。送信元を特定する場合は「From:」欄にメールアドレスを入力します。そのほか、件名に特定の文字が含まれている場合は「件名：」欄に、本文に特定の文字が含まれている場合は「キーワード：」欄に文字を入力します。入力を終えたら「次のステップ」をクリックします（図5-7-2）。

3. 「操作の選択」画面で、「次のアドレスに転送する」にチェックを入れ（図5-7-3）、「フィルタを作成」をクリックすると、設定した条件のメールを転送することができます。

5-7 Gmailを使って特定のメールのみ、他アドレスへ転送する

〈応用〉

3では、ほかにも特定条件のメールに対して、スターをつける、ラベルをつけるなどの作業を自動化することが可能です。

図5-7-1

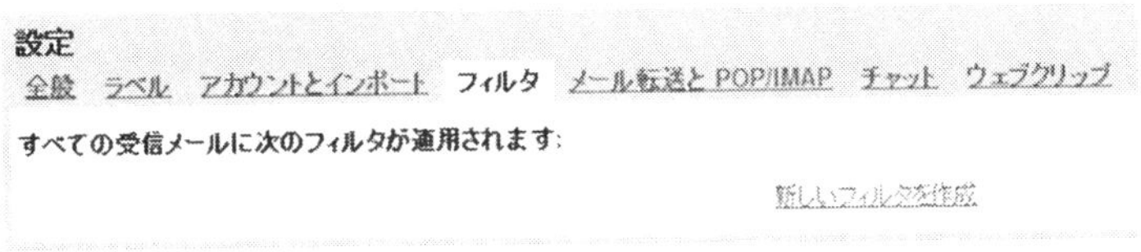

**設定**
全般 ラベル アカウントとインポート フィルタ メール転送と POP/IMAP チャット ウェブクリップ
すべての受信メールに次のフィルタが適用されます:

新しいフィルタを作成

図5-7-2

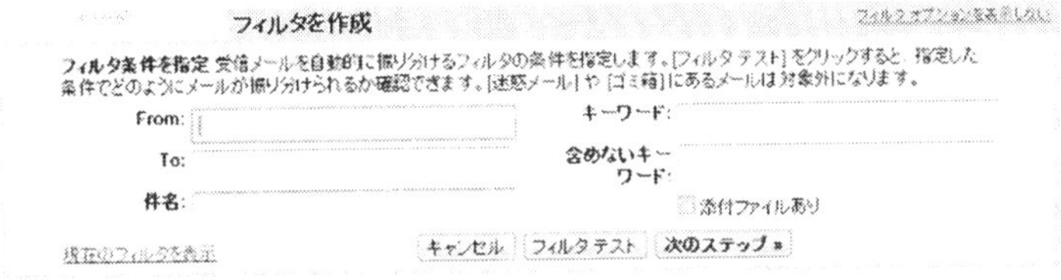

**フィルタを作成**

**フィルタ条件を指定** 受信メールを自動的に振り分けるフィルタの条件を指定します。[フィルタテスト]をクリックすると、指定した条件でどのようにメールが振り分けられるか確認できます。[迷惑メール]や[ゴミ箱]にあるメールは対象外になります。

From:　　　　　　　　　　　　キーワード:
To:　　　　　　　　　　　　　含めないキーワード:
件名:
　　　　　　　　　　　　　　　□添付ファイルあり

現在のフィルタを表示　　　キャンセル　フィルタテスト　次のステップ »

図5-7-3

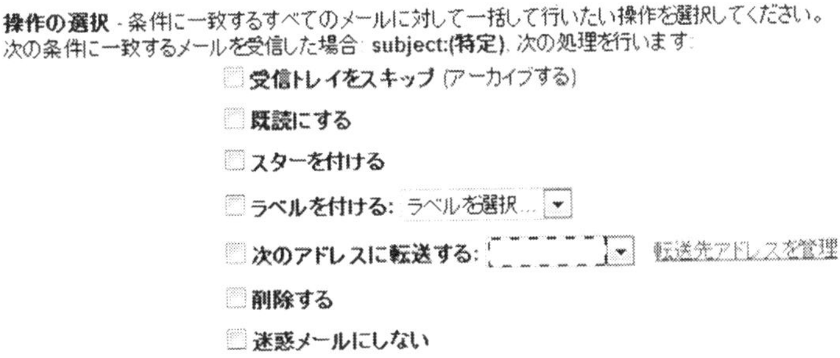

**操作の選択** - 条件に一致するすべてのメールに対して一括して行いたい操作を選択してください。
次の条件に一致するメールを受信した場合: subject:(特定), 次の処理を行います:

□ 受信トレイをスキップ (アーカイブする)
□ 既読にする
□ スターを付ける
□ ラベルを付ける: ラベルを選択... ▼
□ 次のアドレスに転送する: [　　　　] ▼ 転送先アドレスを管理
□ 削除する
□ 迷惑メールにしない

第 5 章　Gmail 編

## Gmail 編 5 − 8　メールを受けられない間の不在通知を設定する

**POINT：旅行や出張など、何らかの理由でメールの確認が困難で、そのことをメールの送信者に伝えたい場合は「不在通知」機能を利用すると便利です。**

## 手　順

1. 右上の「設定」ボタンをクリックします（図5-8-1）。

2. 設定画面が開きますので、「不在通知」項目までスクロールします。ここで、不在通知の開始日、相手へと返信する内容などを記入することで、不在通知設定は完了です（図5-8-2）。

### 図5-8-1

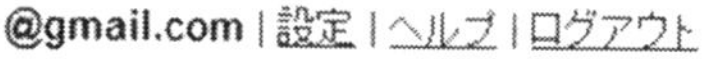

@gmail.com | 設定 | ヘルプ | ログアウト

### 図5-8-2

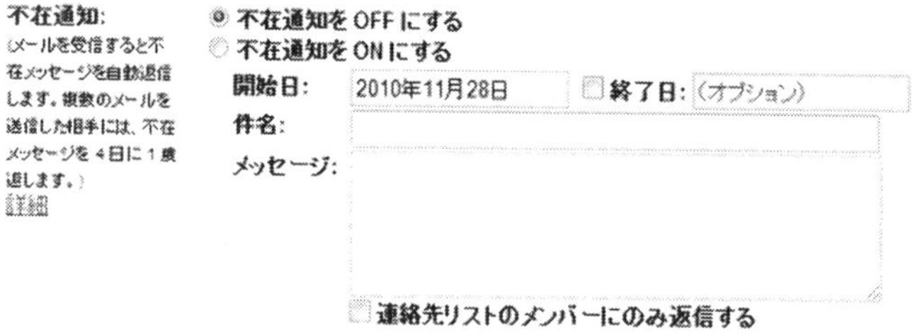

**不在通知:**
(メールを受信すると不在メッセージを自動返信します。複数のメールを送信した相手には、不在メッセージを4日に1度返します。)
詳細

- 不在通知を OFF にする
- 不在通知を ON にする

　開始日：　2010年11月28日　　□終了日：（オプション）
　件名：
　メッセージ：

　□連絡先リストのメンバーにのみ返信する

## Column

### 音声認識ソフト

　いまはむかし。一太郎なんてなつかしいソフトと音声認識が組み込まれているソフトを秋葉原で購入して、講義で実験したことがある。講義での音声がPCにそのままテキスト化されるしろもの。当時のソフトでは、認識率が低く他の音量を優先するため、選挙中の宣伝カーの音声を拾い「……福祉の〇〇よろしくお願いします……」とスクリーンに文字が投影され、大爆笑になった。ゲームの世界ではポケモンで「ピカチュウ！」と画面に呼びかけると、ピカチュウが反応し、走ってきた。

　品川にある某企業を訪問し、最新の音声認識と顧客管理システムデータベースの合体版についてレクチャーを聞く機会があった。認識率は90％近くになっており、なんと方言も認識するという。つまり方言を標準語に修正するということか。業界でもっとも注目されている各企業研究所で進んでいるソフト開発は、英語の音声認識、つまり相手が会話した英語を自動で日本語のテキストに解読するものである。もちろん日本語から英語への転換も可能。しかし、英語の完全な認識はいまのところ実現がかなり先と聞いている。端末（携帯電話）にこうした機能を持たせることで、言葉の壁を乗り切れる、世界はつながり平和になると日本の巨大携帯企業の社長が講演で言っていたが、日本語が通じ合う狭いエリアでも喧嘩や争い、ねたみ、嫉妬はなくならない。こういった争いを情報化社会が助長していることを知らなくてはならない。

第 5 章　Gmail 編

## Gmail 編 5 − 9　Gmail 上で、別のメールアドレスを管理する

**POINT：** Gmailでは、アカウント登録の際に取得したアドレスのほか、プロバイダや大学などから付与されたメールアドレスを受信することができます。この設定を行うことで、複数のe-mailアドレスをGmail上で一元管理することができます。

## 手　順

1. 設定から「POP３を使用したメッセージの確認」の項目の内、「POP３のメールアカウントを追加」をクリックします（図5-9-1）。

2. 追加するアドレスを入力します（図5-9-2）。

3. メールの各種設定を入力します（図5-9-3）。
   （POPサーバーが判らない場合、メールを付与するプロバイダやシステム担当者に問い合わせて下さい。）

〈参考〉

　３のメール設定を行う際、「受信したメッセージにラベルをつける」にチェックを入れたうえでラベルを設定すると、このとき登録したメールアドレスを特定のラベルでまとめて管理することが可能となります。ラベルについてはGmail編５−５をご覧下さい。

5 – 9　Gmail 上で、別のメールアドレスを管理する

### 図5-9-1

**POP3 を使用した**　　POP3 を使用して Gmail で他のアカウントからのメールを受信します。
**メッセージの確認:**

POP3 のメール アカウントを追加　　詳細

### 図5-9-2

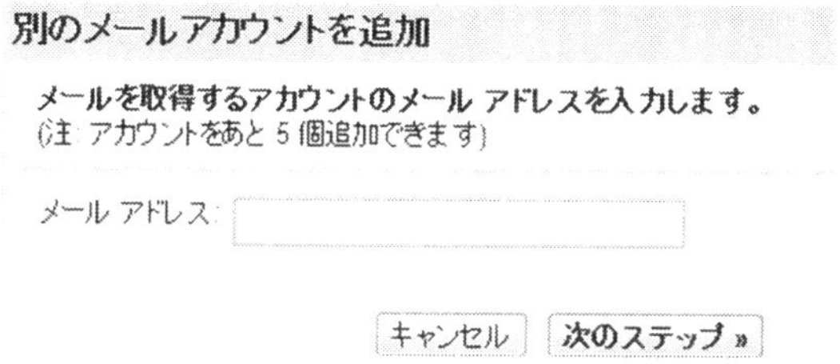

## 別のメールアカウントを追加

### メールを取得するアカウントのメール アドレスを入力します。
(注: アカウントをあと 5 個追加できます)

メール アドレス:

[キャンセル]　[次のステップ »]

### 図5-9-3

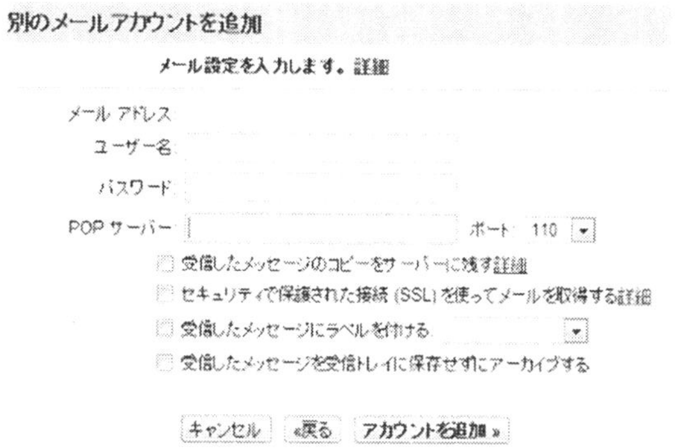

## 別のメールアカウントを追加

**メール設定を入力します。詳細**

メール アドレス
ユーザー名
パスワード
POP サーバー　　　　　　　　　　　　　　　　ポート　110

- 受信したメッセージのコピーをサーバーに残す 詳細
- セキュリティで保護された接続 (SSL) を使ってメールを取得する 詳細
- 受信したメッセージにラベルを付ける
- 受信したメッセージを受信トレイに保存せずにアーカイブする

[キャンセル]　[« 戻る]　[アカウントを追加 »]

第 5 章　Gmail 編

## Gmail編 5-10　Gmail のスレッド表示をやめる

**POINT：**Gmailは、受信と返信などを1つの「スレッド」にまとめる機能があります。しかし、メールが1カ所にまとまっていることが管理しづらいと感じる場合は、スレッド表示を解除することができます。ここではその方法について確認します。

## 手　順

1．Gmailの設定でメインを開きます。

2．設定項目の中で「スレッド表示」の欄内、「スレッドビューを無効にする」のラジオボタンを選択すると、スレッド表示が解除されます。

5－10 Gmail のスレッド表示をやめる

図5-10-1

## Column

### 日銀体操

 日銀では、平成16年6月末まで使用されていた地下金庫を今、公開している。金庫扉は、米国ヨーク社製で昭和7年に設置された。扉の厚さは36インチ（900mm）、重さは25tにもなる。地下金庫を訪れてみると、なんとなく今その場にあるかのような「紙幣」の香りが漂っている。しかし、日銀の職員も移動された紙幣が保管されている現在の地下金庫の場所は知らないという（本当は知っているが外部に漏らさない）。

 もっと知られていないことは、16時になると日銀館内中に鳴り響く体操の音楽である。職員は「日銀体操」と呼んでいる。音楽に合わせて総裁は体操しているのだろうか？

第5章 Gmail 編

## Gmail編 5-11 Gmail の先進的な実験サービスを利用する

**POINT**：Gmailには、正式に実装はされていないものの、利用すると便利な機能が多数、「実験サービス」として提供されています。ここではそのサービスをいくつか見てみます。

実験サービスは設定項目内の「Labs」からアクセスできます。

**設定**
全般 ラベル アカウントとインポート フィルタ メール転送と POP/IMAP チャット ウェブクリップ 優先トレイ Labs オフライン

**Gmail の試験運用：ちょっと変わったアイデアの実験室**

Gmail Labs は実験的な機能をテストする場であり、ここにある機能は随時変更、中断、提供中止されることがあります。

試験運用の機能により受信トレイの読み込みに問題が生じる場合は
https://mail.google.com/mail/?labs=0 にアクセスしてみてください。試験機能を一時的にすべて OFF にすることができます。

変更を保存　キャンセル

### ■カスタムキーボードショートカット

**カスタム キーボード ショートカット**
by Alan S

○ 有効にする
● 無効にする

キーボード ショートカットの割り当てを変更できます。[設定]メニューに [キーボード ショートカット] タブが追加されます。

Gmailを常用してくると、主な操作は同じものが多くなり、各機能にアクセスするうえではマウスで各メニューをクリックするよりも、キーボード上の特定のキーを押下することでアクセスすることが効率的な場合が増えてきます。その際に利用するのが、「キーボードショートカット」機能です（この機能は「設定」からONにすることができます）。

Labsにある、この「カスタムキーボードショートカット」機能

5－11　Gmail の先進的な実験サービスを利用する

を有効にすることで、自分で好きなキーに、特定の機能を割り当てることができます。

■Google検索

Gmailの利用中にGoogle検索が利用できます。また、メールの文章内にその検索結果が記述できるため、検索結果を引用したい際に便利です。

■Googleドキュメントガジェット

次章で扱う、GoogleドキュメントにGmailからアクセスしやすくします。左メニューに、Googleドキュメントへのショートカットが追加されます。

第 5 章　Gmail 編

## ■メールでGoogleドキュメントをプレビュー

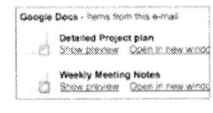

**メールで Google ドキュメントをプレビュー**
by Steven S, Jim M, Bob B, and Ted C

Google ドキュメントへのリンクがある場合、ドキュメントやスプレッドシート、プレゼンテーションのプレビューをメールに直接表示します。また、それらを Google ドキュメントで開くためのオプションも表示します。

- 有効にする
- 無効にする

　同じく、次章で扱うGoogleドキュメントとGmailの連携のうえで便利な機能です。送られてきたメールに、Googleドキュメントのリンクが含まれていると、メール内にそのドキュメントを表示することができるので、わざわざGoogleドキュメントにアクセスする必要がなくなります。

## Column

### 検　索

　グーグルの名前を知らない人は、そのうちに世界で存在できなくなると創立者がいっていたそうである。地球上のすべての情報を得るという壮大な目標がグーグルに課せられているとも。なんだか宗教的な息吹を感じるのは私だけだろうか？　病院へ行こうと思えばグーグルで検索、病名や手術、名医などのキーワードを入れて検索する。資格、受験、エントリーシートの記入例、映画……いまや検索はライフスタイルになりつつある。米国では、グーグルで検索上位になることが、最も重要な企業戦略のひとつになりつつある。日本では、個人情報保護法案が可決され、大きな波紋をよんだが、米国ではいまや個人情報をグーグルに積極的に国民が送りつつある。マイクロソフトもそうだが、どうも米国の企業は世界制覇みたいなことがお好きである。私たちがやっていることは決して間違っていないという妄想にとらわれている。あるいは宗教的な概念か。

　食文化ではマグロに見られるように、日本食が世界に広がりつつある。漫画の世界や映画もかなり日本文化が世界的評価を得てきている。白黒をはっきりせず、すごく甘くもなく、辛味も微妙、愛しているとかいないとか言わないでも何となく理解できるような、グローバルに迎合しない日本のよさが、私個人は大好きである。世界のどこでもマップや景観で見ることができる。どこに何があるのか、そんなことがわからないほうが時として感動を覚える。嫌われていると思った彼女が実は私を愛していた。ドイツのミュンヘンで一番古い有名なレストランで誕生会をゼミの学生が内緒で企画してくれた。800人は入るレストランの明かりを一瞬そのために消して大きなケーキを運んできた。六本木で映画祭に行って、終了後に監督と主演男優がでて挨拶したが、直前まで実は知らなかった。ディズニーシーで花火の真ん中からお立ち台で上ってきたのは、ミッキーではなくエイチャン（矢沢栄吉）だった。検索なんかで文化は語れない。

# 第 6 章

# Google 系サービス

Googleが提供するWebサービスには、第5章で見たWebメールのほかにもたくさんの機能があります。

本章では、Gmail以外のGoogle提供サービスについて確認します。

## Google系サービス 6-1 Googleアカウントについて把握する

**POINT**：Googleのサービスを利用するうえで必要となるのが「Googleアカウント」です。ここでは、Googleアカウントについて確認します。

## 手　順

1. Googleのトップページ（http://google.com や http://google.co.jp）へアクセスし、右上の「ログイン」をクリックすると「Googleアカウント」ページが開きます（図6-1-1）。

2. 右下にある、「アカウントを作成」をクリックします。

3. アカウントの作成に必要な入力項目が表示されます（図6-1-2）。この時、「Gmail以外のメールアドレス」を登録し、Googleアカウントを取得することもできますが、Googleのサービスを利用するうえでは、Gmailアドレスを取得していた方が何かと便利ですので、本書ではまず、Gmailの取得を推奨します。

〈参考〉

　なお、Gmailアドレスを取得する場合は、あわせてGoogleアカウントも自動的に取得されますので、本画面からアカウントを取得する必要はありません。Gmailアドレスの取得については、Gmail編

6-1 Googleアカウントについて把握する

5-1をご覧下さい。逆に、Googleアカウント画面からアカウントを取得しても、自動的にGmailアドレスは取得されません。

図6-1-1

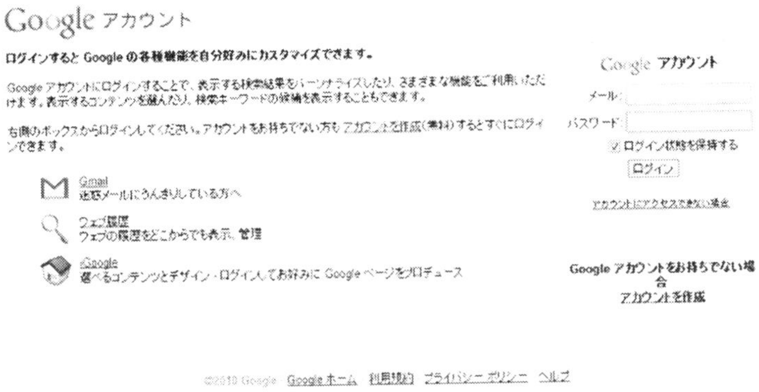

Google アカウント

**ログインすると Google の各種機能を自分好みにカスタマイズできます。**

Google アカウントにログインすることで、表示する検索結果をパーソナライズしたり、さまざまな機能をご利用いただけます。表示するコンテンツを選んだり、検索キーワードの候補を表示することもできます。

右側のボックスからログインしてください。アカウントをお持ちでない方も アカウントを作成（無料）するとすぐにログインできます。

- Gmail
  迷惑メールにうんざりしている方へ
- ウェブ履歴
  ウェブの履歴をどこからでも表示、管理
- iGoogle
  選べるコンテンツとデザイン・ログインしてお好みに Google ページをプロデュース

Google アカウント
メール：
パスワード：
☑ ログイン状態を保持する
［ログイン］

アカウントにアクセスできない場合

**Google アカウントをお持ちでない場合**
アカウントを作成

©2010 Google  Google ホーム  利用規約  プライバシー ポリシー  ヘルプ

図6-1-2

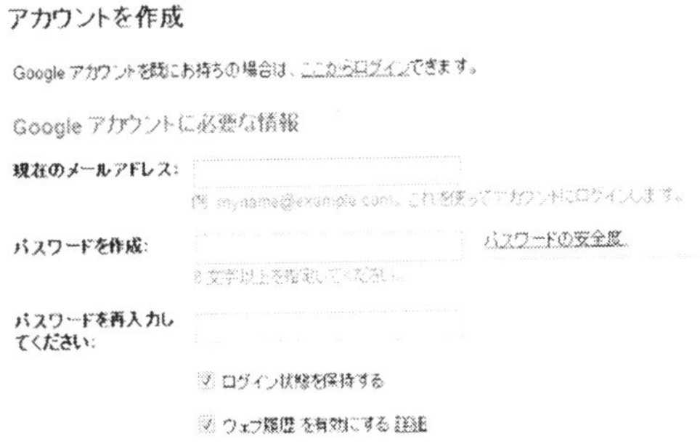

アカウントを作成

Google アカウントを既にお持ちの場合は、ここからログイン できます。

Google アカウントに必要な情報

**現在のメールアドレス：**
例: myname@example.com。これを使ってアカウントにログインします。

**パスワードを作成：**  パスワードの安全度
8 文字以上を指定してください。

**パスワードを再入力してください：**

☑ ログイン状態を保持する
☑ ウェブ履歴 を有効にする 詳細

第6章 Google系サービス

## Google系サービス 6-2　Googleアカウントに接続されているサービスを確認する：ダッシュボード

POINT：Googleのサービス群を利用していくうえでは、各サービスにさらにいろいろな機器・サービスが接続されていきます。本項では、その全体像を一元管理・確認する方法を確認します。

### 手　順

1. Googleのトップページ、右上の「ログイン」からアカウントにログインします。なお、既にログインしている場合は右上にアカウントに紐付けられているメールアドレスが表示されています。

2. ログイン後、右上に、「設定▼」が表示されますので、クリックし「Googleアカウント設定」をクリックします（図6-2-1）。

3. 「ダッシュボード　このアカウントに保存されているデータを表示」をクリックします（図6-2-2）。

4. 以降、ログインしたGoogleアカウントから利用している各サービスの状況が表示されます。たとえばGmailでは、受信トレイに受信しているメール数などが表示されます（図6-2-3）。

6－2　Google アカウントに接続されているサービスを確認する

5．このほか、たとえばiPhoneやAndroidなどのスマートフォン端末からGoogleサービスを利用している場合は、それら機器の接続状況なども確認できます（図6-2-4）。

図6-2-1

@gmail.com | iGoogle | 設定 ▼ | ログアウト
検索設定
Google アカウント設定

図6-2-2

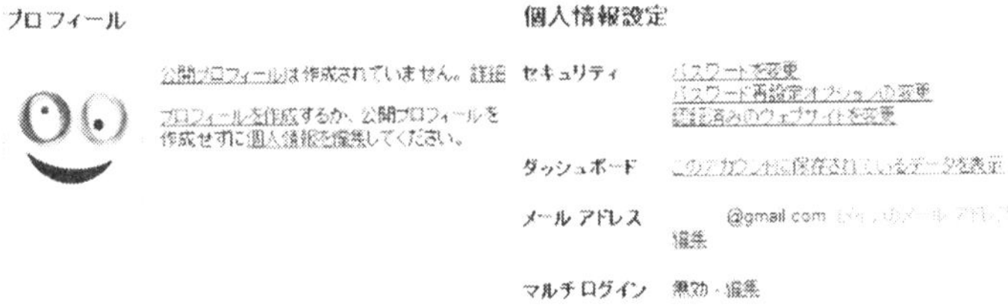

プロフィール　　　　　　　　　個人情報設定

公開プロフィールは作成されていません。詳細　セキュリティ　パスワードを変更
プロフィールを作成するか、公開プロフィールを　　　　　　　　パスワード再設定オプションの変更
作成せずに個人情報を編集してください。　　　　　　　　　　　承認済みのウェブサイトを変更

　　　　　　　　　　　　　　　ダッシュボード　このアカウントに保存されているデータを表示

　　　　　　　　　　　　　　　メール アドレス　@gmail.com
　　　　　　　　　　　　　　　　　　　　　　　編集

　　　　　　　　　　　　　　　マルチ ログイン　無効・編集

図6-2-3

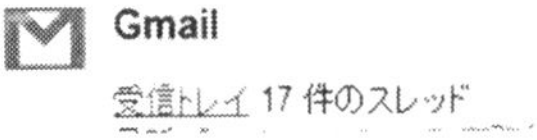

**Gmail**
受信トレイ 17 件のスレッド

図6-2-4

**Google Mobile App**

1 台の通知設定済み端末

**iPhone3GS**
通知が有効になりました カレンダー
通知を無効にする

## Google系サービス 6-3  Googleアカウントに紐付けられている検索結果を確認する

POINT：Googleアカウントには、アカウントにログイン時に利用したGoogle検索結果を保存しておく「ウェブ履歴」機能があります。

## 手　順

1. まず、GmailやGoogleアカウント取得時に、「ウェブ履歴を有効にする」にチェックを入れていた場合は、自動的にウェブ履歴がONになっています（図6-3-1）。

2. チェックをはずしていて、履歴を有効にしたい場合は、Googleアカウント画面から設定します。Google系サービス6－2の2で表示されているGoogleアカウント画面の下部に、「ウェブ履歴」リンクがありますのでクリックします（図6-3-2）。

3. 「検索の履歴だけを記録する」をクリックすると履歴がONになります。後で、過去の検索結果を振り返ることができます。

〈参考〉

　逆に、検索結果を保存したくない場合は、Google系サービス6－2の手順から、ダッシュボードへアクセスし、ウェブ履歴画面左下メニューから、「一時停止」「アイテムを削除」するなどします。

## 6 − 3　Googleアカウントに紐付けられている検索結果を確認する

### 図6-3-1

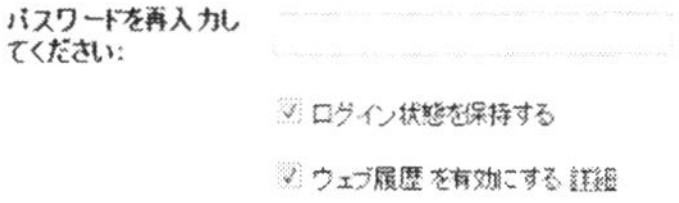

パスワードを再入力し
てください：

☑ ログイン状態を保持する

☑ ウェブ履歴 を有効にする 詳細

### 図6-3-2

**何か新しいことを始めてみましょう**

- AdSense
- AdWords
- アラート
- グループ
- ウェブ履歴
- iGoogle

詳細 »

### 図6-3-3

まずはじめにツールバーをダウンロードして PageRank を有効にする必要があります。ツールバーをダウンロード

[ウェブ履歴を有効にする]　[検索の履歴だけを記録する]

第6章　Google系サービス

Google系
サービス
6－4

# Googleドキュメントを使ってみる

POINT：Google Documentは、文書作成、表計算、プレゼンテーションなどをWeb上で作成することのできるサービスです。これらはGoogleアカウントを所有していれば横断的に利用することができますので、Gmail等を利用していればすぐに利用することが可能です。
また、マイクロソフト社のワード、エクセル、パワーポイントなどのファイルを読み込むことができ、編集を行うことができるほか、PDFやODSなど、オープンで汎用的なファイル形式として書き出すことも可能です。

## 手　順

1. Googleのトップページ、左上のメニューから「もっと見る」をクリックし、「ドキュメント」をクリックします（図6-4-1）。

2. 続いて、Googleドキュメントログイン画面から、ログインします。アカウントの取得については6－1を参照して下さい。

6－4　Googleドキュメントを使ってみる

**図6-4-1**

ウェブ 画像 動画 地図 ニュース ショッピング Gmail もっと見る ▼

書籍
翻訳
ブログ
アップデート
YouTube
カレンダー
写真
ドキュメント

**図6-4-2**

Google ドキュメント

**Googleドキュメントならオンラインでドキュメントを作成、共有できます**

- デスクトップからファイルをアップロード：無料で簡単にご利用いただけます。
- どこからでもアクセス：パソコンやスマートフォンからドキュメントを編集、閲覧することができます。
- ドキュメントを共有：リアルタイムで共同編集できるので、作業効率がアップします。

文書　スプレッドシート　プレゼンテーション　図形描画　フォーム

今すぐ Google ドキュメントを試す　新機能

Google アカウント
メール
パスワード
□ ログイン状態を保持する
ログイン

アカウントにアクセスできない場合

**Google アカウントをお持ちでない場合**
アカウントを作成

第 6 章　Google 系サービス

## Google系サービス 6 － 5　Googleドキュメントの言語設定を変更する

**POINT**：Googleドキュメント開始直後、言語が英語に設定されている場合の日本語化手順を確認します。

## 手　順

1．まず、右上の「settings」をクリックします（図6-5-1）。

2．Documents settingsをクリックします（図6-5-2）。

3．Choose a languageから「日本語」をクリックします（下の方にあります）（図6-5-3）。

## 6 − 5　Googleドキュメントの言語設定を変更する

図6-5-1

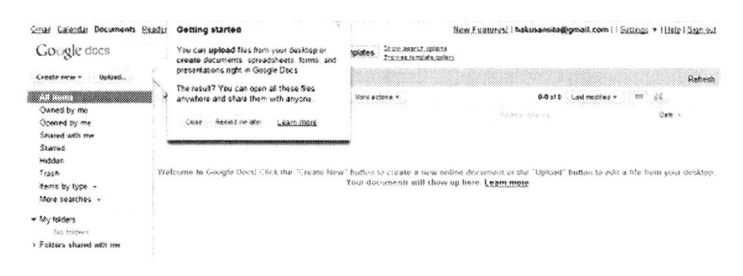

図6-5-2

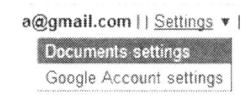

図6-5-3

## Google系サービス 6-6 Googleドキュメントの基本操作を把握する：ファイルのアップロード

**POINT**：Googleドキュメントのトップページは、各種ドキュメントの管理画面となっています。まずは、ファイルをアップロードしてみましょう。インターネットアクセスさえ確保できれば、どこからでもファイルの編集が行えるようになります。

### 手　順

1. Googleドキュメントのトップページにアクセスします（図6-6-1）。

2. 左上のメニューから「アップロード」をクリックします（図6-6-2）。

3. アップロード画面が開きますので、「ここにファイルをドラッグ＆ドロップしてください。」と書かれている箇所に、自分のPCにあるファイルをドラッグ＆ドロップすると、ファイルがアップロードされます（図6-6-3）。

4. アップロードしたWord、Excel、PowerPointなどのファイルは、Googleドキュメント上から編集することが可能となります。

6-6 Googleドキュメントの基本操作を把握する

図6-6-1

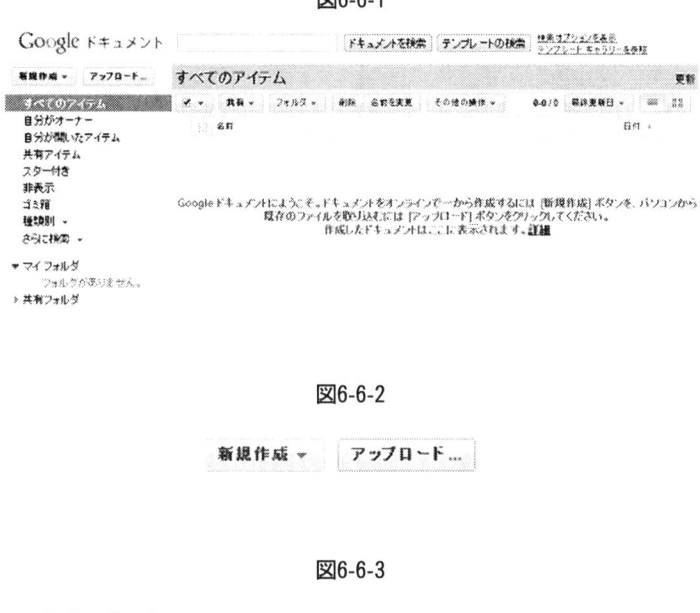

図6-6-2

図6-6-3

**ファイルをアップロード**

**ファイルとアップロード先を選択**
現在 1024 MB 中 0 MB(0 %)を使用しています。容量を追加
アップロードできるファイル サイズは最大 1024 MB です。Googleドキュメントに変換されるファイルの上限サイズはこれよりも小さくなります。

ここにファイルをドラッグ＆ドロップしてください。

アップロードするファイルを選択

## Google系サービス 6-7

# Googleドキュメント：「docs」で文章を作成する

POINT：文書作成は一般的なワードプロセッサの操作体系を通じて行えますので、何かしらの文書作成ツールを利用したことがあれば、違和感なく利用することができます。

## 手 順

1. Googleドキュメントのトップページの左メニューから「新規作成」をクリックし、「文書」をクリックします（図6-7-1）。

2. 文書入力画面が表示されます（図6-7-2）。

3. 主な操作方法は、マイクロソフトのwordなどと同様です。また、6-6手順で見たように、Wordで編集したファイルをアップロードし、「docs」で編集することも可能です。

6－7 Googleドキュメント：「docs」で文章を作成する

図6-7-1

図6-7-2

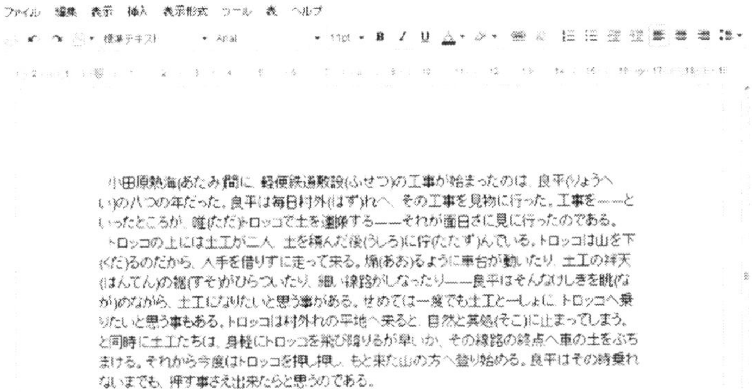

　小田原熱海(あたみ間)に、軽便鉄道敷設(ふせつ)の工事が始まったのは、良平(りょうへい)の八つの年だった。良平は毎日村外(はず)れへ、その工事を見物に行った。工事を——といったところが、唯(ただ)トロッコで土を運搬する——それが面白さに見に行ったのである。
　トロッコの上には土工が二人、土を積んだ後(うしろ)に佇(たたず)んでいる。トロッコは山を下(くだ)るのだから、人手を借りずに走って来る。煽(あお)るように車台が動いたり、土工の袢天(はんてん)の裾(すそ)がひらついたり、細い線路がしなったり——良平はそんな凡(すべ)てを眺(ながめ)ながら、土工になりたいと思う事がある。せめては一度でも土工と一しょに、トロッコへ乗りたいと思う事もある。トロッコは村外れの平地へ来ると、自然と其処(そこ)に止まってしまう。と同時に土工たちは、身軽にトロッコを飛び降りるが早いか、その線路の終点へ車の土をぶちまける。それから今度はトロッコを押し押し、もと来た山の方へ登り始める。良平はその時乗れないまでも、押す事さえ出来たらと思うのである。

## Google系サービス 6-8

# Google ドキュメント：「spread sheet」でシートを作成する

**POINT**：スプレッドシートは標準的な表計算ツールとしての利用が可能です。一般的な表計算書式であるCSVの読み込み・書き出しにも対応しています。

### 手　順

1. Googleドキュメントのトップページの左メニューから「新規作成」をクリックし、「スプレッドシート」をクリックします（図6-8-1）。

2. 文書入力画面が表示されます（図6-9-2）。

3. 主な操作方法は、マイクロソフトのExcelなどと同様です。また、6-6手順でみたように、Excelで編集したファイルをアップロードし、「spread seat」で編集することも可能です。

6 － 8　Google ドキュメント：「spread sheet」でシートを作成する

**図6-8-1**

**図6-8-2**

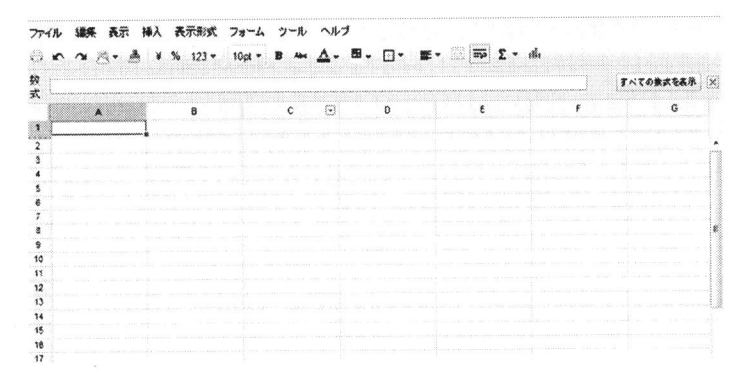

## Google系サービス 6－9 Google ドキュメント：「presentation」でプレゼン資料を作成する

**POINT**：Googleドキュメントの「プレゼンテーション」は、プレゼンテーションツールとして一般的なマイクロソフト社の『PowerPoint』に近いインターフェースを持っていますので、それらのプレゼンテーションソフトウェアを利用したことがあれば、問題なく作成が行えます。

### 手　順

1. Googleドキュメントのトップページの左メニューから「新規作成」をクリックし、「プレゼンテーション」をクリックします（図6-9-1）。

2. 文書入力画面が表示されます（図6-9-2）。

3. 主な操作方法は、マイクロソフトのPowerPointと同様です。また、Google系サービス6－6手順で見たように、PowerPointで編集したファイルをアップロードし、「presentation」で編集することも可能です。

6 − 9　Googleドキュメント:「presentation」でプレゼン資料を作成する

**図6-9-1**

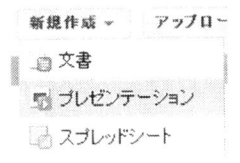

**図6-9-2**

## Google系サービス 6-10 Google ドキュメントで作成した資料を MS Office 形式等で書き出す

**POINT**：Google系サービス6-6で見たように、Googleドキュメントにはマイクロソフトoffice製品で作成したファイルをアップロードすることができますが、逆に、Googleドキュメントで作成したファイルをマイクロソフトOffice製品の形式でダウンロードすることができます。

### 手 順

1. ドキュメント、スプレッドシート、プレゼンテーションなどの各画面で、上部メニュー「ファイル」をクリックし、「形式を指定してダウンロード」⟶「Word（またはExcel・PowerPoint）」をクリックすることで、マイクロソフトOffice形式でダウンロードできます。

6 －10　Google ドキュメントで作成した資料を MS Office 形式等で書き出す

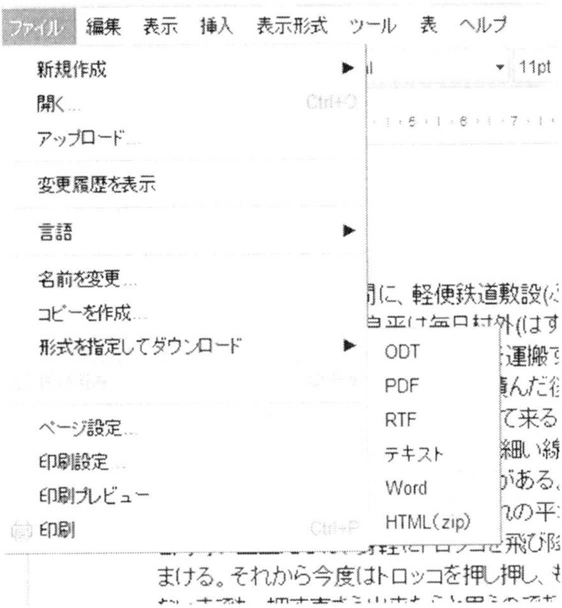

図6-10-1

第6章　Google系サービス

## Google系サービス 6-11　Googleドキュメントで作成した資料を直接メールで送信する

**POINT：Googleドキュメントで作成した書類をメールで送信することが可能です。**

### 手　順

1. ドキュメントを開いている画面の右上、「共有」の右部分にある下向き三角（▼）をクリックし、「メールに添付して送信」をクリックします（図6-11-1）。

2. メールに添付して送信画面が開きます（図6-11-2）。本文に直接ドキュメントを貼り付けたい場合は、「アイテム全体をメールに貼り付けます」を選びます。別途添付ファイルとする場合は、「アイテムの添付形式」を選択し、プルダウンメニューから、目的の形式を選択します（図6-11-3）。その後、To欄にファイル送付先のメールアドレスを記入し、適宜、件名やメッセージを入力し、「送信」をクリックすることで、直接メールを送信できます。

6-11 Googleドキュメントで作成した資料を直接メールで送信する

図6-11-1

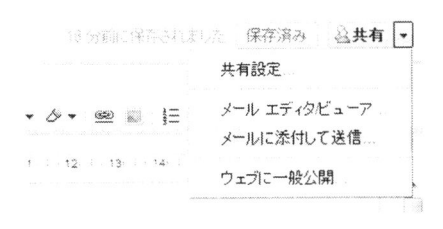

図6-11-2

**メールに添付して送信**

**添付ファイル:**
- アイテムの添付形式: HTML
- アイテム全体をメールに貼り付けます

**To:**

連絡先から選択

**件名:**
無題ドキュメント

**メッセージ:**

☐ コピーを自分に送信する

[送信] [キャンセル]

図6-11-3

**添付ファイル:**
- アイテムの添付形式: HTML
  - HTML
  - オープンドキュメント
  - PDF
  - リッチ テキスト(RTF)
  - 書式なし
  - Microsoft Word

To:

連絡先から選択

143

## Google系サービス 6-12 Googleドキュメントで作成した資料を共有する

**POINT：**Googleドキュメントで作成した書類は、特定の人や、世界中の人と、共有することが可能です。

### 手 順

1. 共有したい文章を開いている画面で、右上の「共有」をクリックします（図6-12-1）。

2. 共有設定画面が開きますので　権限：限定公開と書かれている右にある「変更」をクリックします（図6-12-2）。

3. 共有設定画面から、目的に応じた共有方法を選択します（図6-12-3）。

〈参考〉

　「ウェブ上で一般公開」を選ぶと、そのドキュメントは誰でもアクセス可能となります。「リンクを知っている全員」は、ドキュメントへのアドレスを知っている人のみと共有することが可能です。「限定公開」は、自分が認証した相手とのみ共有が可能です。相手を追加するには、図6-12-4の「ユーザーを追加」項目に、追加したい相手のGmailアドレスを入力します。

6 －12　Google ドキュメントで作成した資料を共有する

図6-12-1

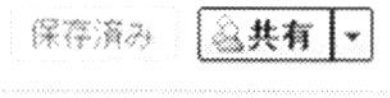

保存済み　共有 ▼

図6-12-2

## 共有設定

**権限:**

🔒 限定公開 - 下記のユーザーだけがアクセスできます　　　変更

図6-12-3

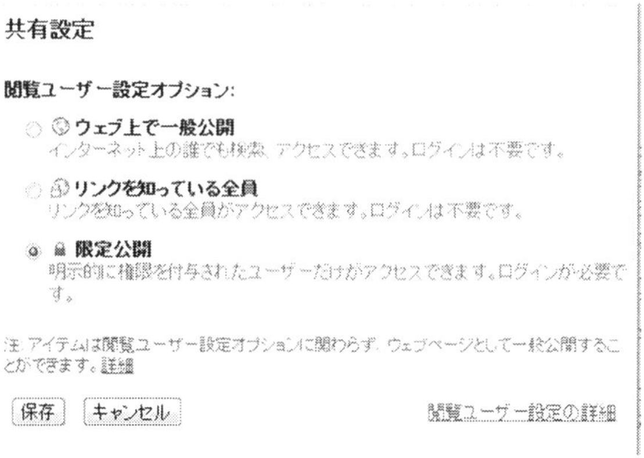

共有設定

**閲覧ユーザー設定オプション:**

○ 🌐 ウェブ上で一般公開
インターネット上の誰でも検索、アクセスできます。ログインは不要です。

○ 🔗 リンクを知っている全員
リンクを知っている全員がアクセスできます。ログインは不要です。

◉ 🔒 限定公開
明示的に権限を付与されたユーザーだけがアクセスできます。ログインが必要です。

注: アイテムは閲覧ユーザー設定オプションに関わらず、ウェブページとして一般公開することができます。詳細

[保存] [キャンセル]　　　　　　　　　　　　　　閲覧ユーザー設定の詳細

図6-12-4

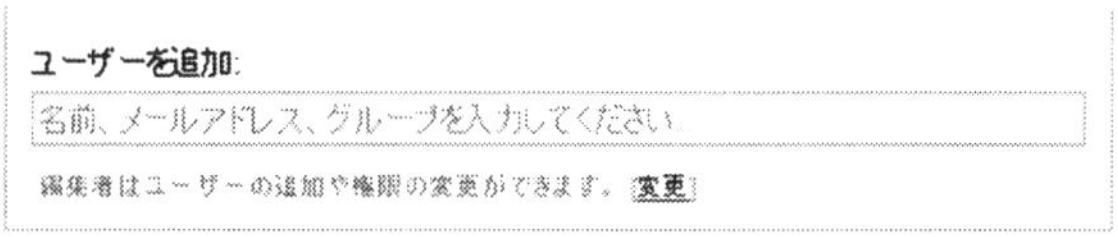

**ユーザーを追加:**

名前、メールアドレス、グループを入力してください

編集者はユーザーの追加や権限の変更ができます。変更

第 6 章　Google 系サービス

## Google 系サービス 6-13　Google カレンダーを利用する

> **POINT**：GoogleカレンダーはGoogleが提供する予定管理サービスです。

### 手　順

1. Googleアカウントにログインしている状態で、Googleのトップページなどの左上にある「カレンダー」をクリックします。

2. はじめて利用する場合は「Googleカレンダーへようこそ」が表示されますので、必要項目を入力します。

3. カレンダーが表示されます（図6-13-2）。この状態で、右上の「月」をクリックすると、週表示から月表示へと切り替わります。

4. 予定の入力は簡単です。予定を追加したい日を選択し、タイトルを入力して「予定を作成」をクリックすると予定が追加されます（図6-13-3）。なお、月表示の場合は、頭に時間を入力することで、自動的に時間も設定されます（12:00-15:00などと記入します）。

6−13 Google カレンダーを利用する

図6-13-1

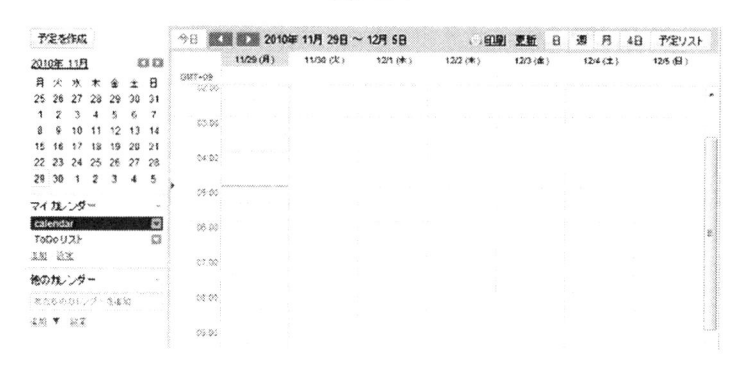

図6-13-2

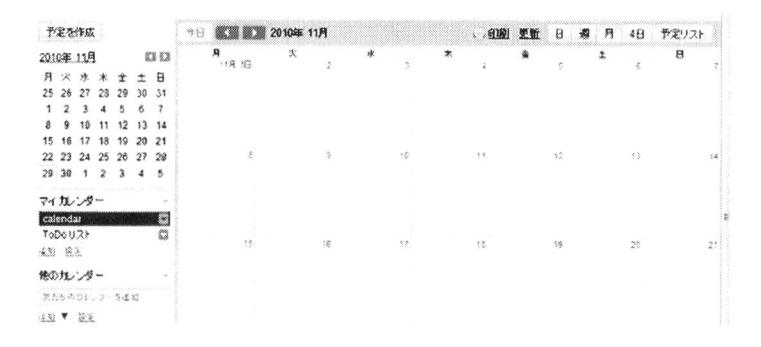

図6-13-3

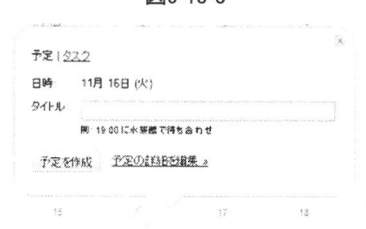

## Google系サービス 6-14　Googleカレンダーで公開されている予定を取り込む

**POINT**：Googleカレンダーには、他の人が公開しているさまざまなカレンダーを取り込むことが可能です。

### 手　順

1. 右上の「設定」をクリックし、「カレンダー設定」をクリックします（図6-14-1）。

2. 「カレンダー」を選択し、「他のカレンダー」欄にある、「おすすめのカレンダーを検索」をクリックします（図6-14-2）。

3. 続いて、お気に入りのカレンダーを探して、「登録」をクリックします（図6-14-3）。

## 6-14　Googleカレンダーで公開されている予定を取り込む

### 図6-14-1

### 図6-14-2

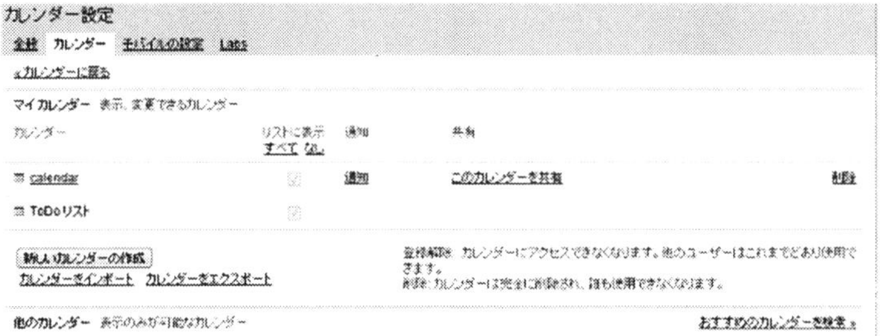

### 図6-14-3

第6章 Google系サービス

## Google系サービス 6-15　Google カレンダーの予定をメールへ通知する

POINT：登録した予定について、リマインダをGmailや携帯メールに送信することが可能です。

### 手　順

1. 予定をダブルクリックするなどして、予定の詳細画面を表示します。通知欄が「メール」「10分」となっている場合は、予定の10分前に、Gmailに連絡がいく、ということになります。数字を変更することで、届く時間を変更することが可能です（図6-15-1）。

2. また、最初の設定では、登録した予定の通知は必ず送信されるようになっています。これを変更したい場合は、カレンダートップページの左部にある「マイカレンダー」から、登録したカレンダー右にある下向き三角（▼）をクリックし、「カレンダー設定」をクリックします（図6-15-2）。

3. 登録したカレンダーの詳細画面が開きますので、「通知」を選択し、予定の通知欄から、「デフォルトの通知方法」を設定します。

〈参考〉
　この設定方法によっては、リマインダの送信を3日前と1時間前

6-15 Googleカレンダーの予定をメールへ通知する

などとして行うことが可能です。

図6-15-1

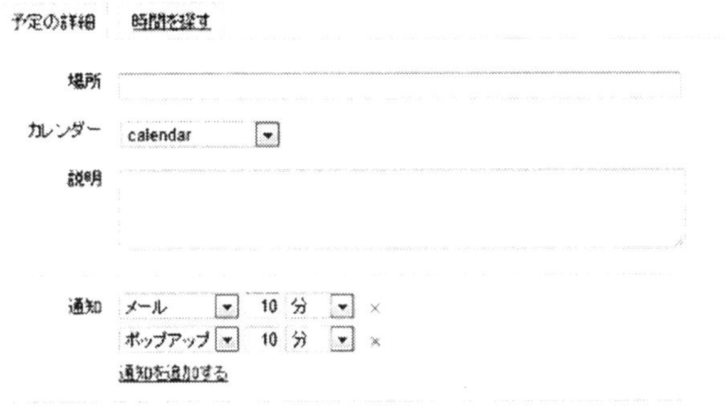

図6-15-2

図6-15-3

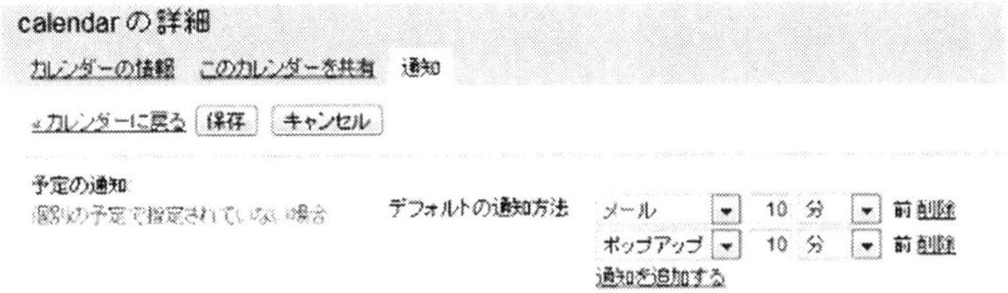

## Google系サービス 6-16　Googleカレンダーの予定を携帯メールへ通知する

POINT：前項で見た通知のほかに、携帯メールへ予定を通知する方法を確認します。

### 手　順

1. カレンダートップページ等の右上にある「設定」をクリックし、「カレンダー設定」をクリックします（図6-16-1）。

2. カレンダー設定から「モバイルの設定」を選択し、「ユーザー名」に携帯アドレスの@以前、メールのドメインの右部「携帯キャリアを選択」で、利用している携帯電話キャリア（@以降）を選択し、「確認コードを送信」をクリックします（図6-16-2）。

3. 携帯電話に確認コードが届きますので、その数字を入力し「保存」をクリックすることで、携帯メールへリマインダが届くようになります。

図6-16-1

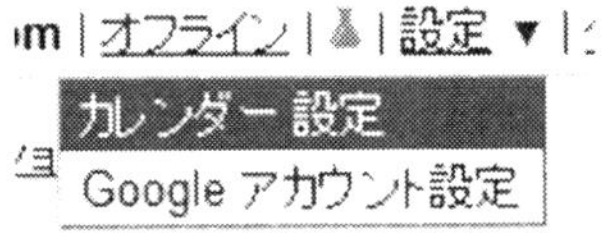
オフライン
設定
カレンダー設定
Google アカウント設定

図6-16-2

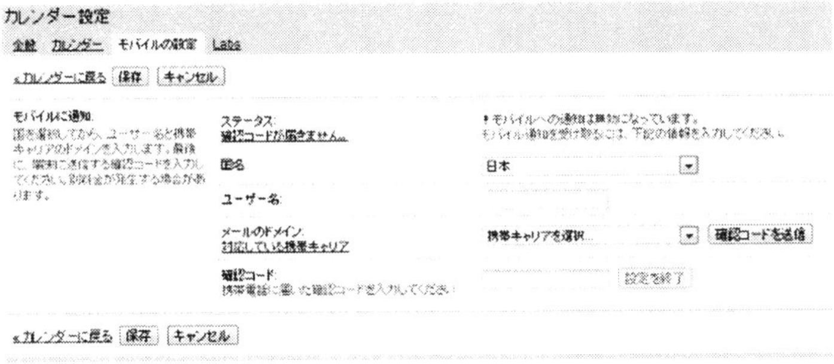
カレンダー設定
全般
カレンダー
モバイルの設定
Labs
« カレンダーに戻る
保存
キャンセル
モバイルに通知
ステータス:
確認コードが届きません...
国名
日本
ユーザー名:
メールのドメイン:
対応している携帯キャリア
携帯キャリアを選択...
確認コードを送信
確認コード:
設定を終了

# 第 7 章

# マイクロソフトのクラウドサービス

総合的な Web サービスを提供しているのは Google だけではありません。本章では、マイクロソフトの Web サービスについて見ていきます。

第7章 マイクロソフトのクラウドサービス

## マイクロソフトのクラウドサービス 7-1 Windows Live について把握する

**POINT**：マイクロソフト社が提供するWebサービスの特徴は、Googleに比較すると、Webサービスだけでなく、オフラインのアプリケーション群とも連携する設計となっている点です。

図7-1-1

### Windows Live Hotmail

新しい Hotmail では効率性が重視されており、受信トレイを整理するための実用的なツールが用意されています。Hotmail 内から Microsoft Office ファイルにもアクセスできるので、場所に限らず、どこにいても作業を続けることができます。

\* Hotmail は Microsoft Office ファイルを一部制限付きで扱うのみ対応されます。

今すぐサインアップ

Hotmail アカウントをお持ちの場合サインイン

### Windows Live Messenger

Messenger では、ビデオ チャット\* を使用してリアルタイムで写真を共有したり会話したりできます。また、Messenger では、コンピューターと電話のどちらを使っている場合でも、他のソーシャル ネットワークでの友人の状態を確認できます。

\* 互換性のあるマイク、スピーカーまたはヘッドセット、Web カメラ、および ブロードバンド接続が必要です。

Messenger を使ってみる

### Windows Live Essentials (旧名：おすすめパック)

Essentials (旧名：おすすめパック) をダウンロードすると、Messenger、フォト ギャラリー、ムービー メーカー\* などを一度にすべて入手できます。これで、Windows をより便利に使うことができるようになります。

\* ムービー メーカーに関するビデオ編集機能は Windows 7 および Windows Vista でのみ使用できます。

Essentials (旧名：おすすめパック) を使ってみる

### Windows Live SkyDrive

SkyDrive には、パスワードで保護された、無料で利用できる 25 GB のオンライン ストレージが用意されているので、ほぼどこからでもドキュメント、写真、動画にアクセスしたり、共有したりできます。

今すぐサインアップ

既に SkyDrive をお使いの場合サインイン

## Column
## GPSと携帯電話

　2007年度発売の機種携帯電話はすべてGPS機能付にせよ！と、近頃はやりの江戸時代の瓦版を想起させるお国の指導。それからすでに3年が経過し、ほとんどの携帯電話がGPSに対応している。確かに緊急電話の際には、地図情報が警察関係に同時に送ることができれば人命を救うツールになるかも知れない。

　防衛省職員も幹部連はGPSで居場所を把握、緊急時に即対応するという話があった。

　一定のエリアに子どもや高齢者が立ち入ると警告メールが送られるサービスなども始まっている。もちろん子どもや高齢者でなくても可能である。

　三大盛り場（新宿歌舞伎町・池袋・渋谷）を危険エリアに指定しておけば、彼女は彼氏を（あるいは逆を）守ることができるのだろうか。

　健康志向でこのようなメッセージもありだろう。
　ハンバーガーを食べに行けば、
　「今週だけで3回目！　きわめて太る危険性があります！　そのエリアからでなさい！　栄養のバランスが悪いです！」

## 7-2 Windows Live アカウントを取得する

**POINT**：まずは、アカウントの取得を行いましょう。

### 手 順

1. Windows Liveのトップページ（http://windowslive.jp）にアクセスします（図7-2-1）。

2.「サインアップ」をクリックします（図7-2-2）。

3. 登録画面上で、必要項目を入力します（図7-2-3）。

7-2 Windows Live アカウントを取得する

### 図7-2-1

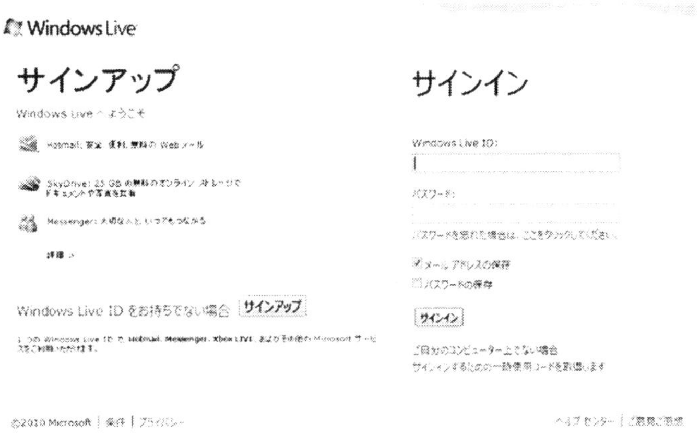

**Windows Live**

# サインアップ

Windows Live へようこそ

- Hotmail：安全、便利、無料のWebメール
- SkyDrive：25 GB の無料のオンライン ストレージで ドキュメントや写真を共有
- Messenger：大切な人と、いつでもつながる

詳細 >

Windows Live ID をお持ちでない場合　**サインアップ**

1 つの Windows Live ID で、Hotmail, Messenger, Xbox LIVE および その他の Microsoft サービスをご利用いただけます。

# サインイン

Windows Live ID:

パスワード:

パスワードを忘れた場合は、ここをクリックしてください。

☑ メール アドレスの保存
☐ パスワードの保存

**サインイン**

ご自分のコンピューター上でない場合
サインインするための一時使用コードを取り寄せます

©2010 Microsoft | 条件 | プライバシー　　　　　　　　　　　　　　　　　ヘルプ センター | ご意見ご感想

### 図7-2-2

Windows Live ID をお持ちでない場合　**サインアップ**

### 図7-2-3

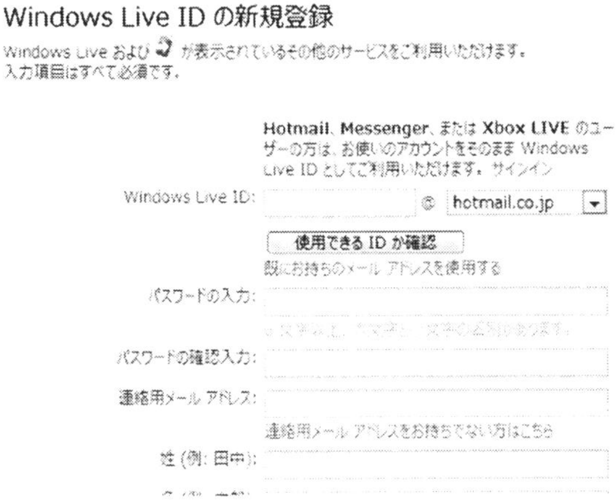

## Windows Live ID の新規登録

Windows Live および ♪ が表示されているその他のサービスをご利用いただけます。
入力項目はすべて必須です。

　　　　　　　　　　　　**Hotmail, Messenger, または Xbox LIVE のユー
　　　　　　　　　　　　ザーの方は、お使いのアカウントをそのまま Windows
　　　　　　　　　　　　Live ID としてご利用いただけます。** サインイン

Windows Live ID:　　　　　　　　　　　@　hotmail.co.jp ▼

　　　　　　　　　　　　[ 使用できる ID か確認 ]
　　　　　　　　　　　　既にお持ちのメール アドレスを使用する

パスワードの入力:

　　　　　　　　　　　　6 文字以上、大文字、小文字の区別があります。

パスワードの確認入力:

連絡用メール アドレス:

　　　　　　　　　　　　連絡用メール アドレスをお持ちでない方はこちら

姓 (例: 田中):

第7章　マイクロソフトのクラウドサービス

## マイクロソフトのクラウドサービス 7-3 Windows Live Hotmailを利用する

**POINT**：マイクロソフトの提供するWebメールサービスに、「Hotmail」があります。この項ではその利用方法を確認します。

## 手　順

1. http://hotmail.comにアクセスします。

2. Windws Live　Hotmail画面が開きます（図7-3-1）。

3. 基本的な利用方法はGmailと同様です。「新規作成」からメールを作成できます（図7-3-2）。

7-3　Windows Live Hotmail を利用する

図7-3-1

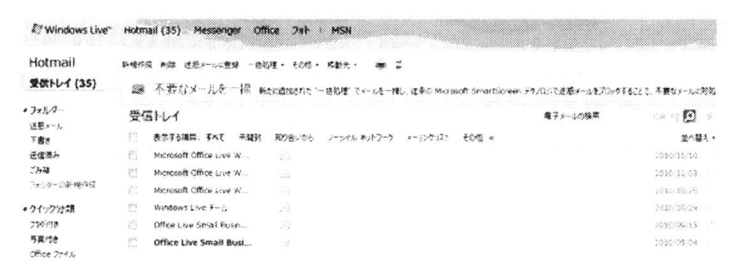

図7-3-2

第7章　マイクロソフトのクラウドサービス

マイクロソフトの<br>クラウドサービス<br>**7－4**

# Windows Live SkyDrive を利用する

> **POINT**：Windows Live SkyDriveはMicrosoftが提供するオンラインのストレージサービスで、日本における正式サービスが開始された2008年2月時点で5GB、2010年12月時点で25GBもの容量を利用することが可能です。
> オンラインストレージとは、ネットワーク上に存在する保存領域のことで、私達が普段持ち歩くUSBメモリや携帯電話に挿入し利用している各種SDカードなどのリムーバブルメディアが、そのままネットワーク上に存在しているイメージです。オンラインストレージのメリットは、いくつかあげられます。

〈オンラインストレージのメリット〉

1．大切なファイルのバックアップ

　仮にPC上に保存してあるファイルが欠損したり、もしくはPC自体が故障したりして動かなくなったとしても、オンライン上にファイルがバックアップされていれば、なくなってしまうということもありません。書きかけの講義のレポートや、大切な写真、自分で作った音楽など、なくなってしまうと二度と取り戻せないものも、バックアップしておけば安心です。

2．いつでもどこでも

　オンラインストレージが便利な点は、ネットワーク上に存在す

るため、さまざまな機器からアクセスすることができる点です。自宅で書きかけのレポートをオンラインストレージに保存してから家を出て、大学のPCからインターネットにアクセスしてそのファイルを開いて続きを書き進める、ということも可能ですし、USBメモリを置き忘れるといった心配もなくなります。

3．友達と共有する

　Windows Live SkyDriveに限らず、多くのオンラインストレージは、ファイルを共有する設定を備えています。たとえばゼミや講義のグループワークで利用する資料を共有すれば、逐一メンバーに添付ファイルを送る必要もなくなります。

第7章 マイクロソフトのクラウドサービス

マイクロソフトの<br>クラウドサービス<br>**7 − 5**

# Windows Live SkyDrive に ファイルをアップロードする

**POINT**：この項では、実際にファイルをSkyDriveにアップロードする手順について確認します。

## 手 順

1. まず http://skydrive.live.com にアクセスし、IDとパスワードを入力し、「サインイン」をクリックします。

2. SkyDriveのトップページが表示されます（図7-5-1）。

3. 今回は、既に表示されている「マイドキュメント」内に、ファイルをアップロードします。「マイドキュメント」をクリックします。

4. 続いて、メニューの中から、「ファイルの追加」をクリックします。

**マイドキュメント**
kentaro ▸ Office ▸ マイドキュメント

新規作成 ▾　(ファイルの追加)　共有 ▾　表示: 詳細 ▾　並べ替え: 日時 ▾　削除　その他 ▾

5. ドキュメントのドロップ対象が表示されますので（図7-5-2）、

7-5 Windows Live SkyDrive にファイルをアップロードする

枠内に、アップロードしたいファイルをドラッグ＆ドロップします。アップロードするファイルが出揃った段階で下部に表示される「続行」をクリックすると、任意のファイルをアップロードできます。

図7-5-1

図7-5-2

## 7-6 Windows Live SkyDrive のファイルをダウンロードする

**POINT：本項では、アップロードしたファイルのダウンロード手順について、確認します。**

### 手 順

1. SkyDriveでダウンロードしたいファイルが存在するフォルダを選択します。

2. フォルダ内のファイル一覧が表示されますので（図7-6-1）、目的のファイルにカーソルを合わせると、メニューが展開されます（図7-6-2）。

3. 「その他」をクリックすると、メニューが展開します（図7-6-3）。

4. 「ダウンロード」をクリックすると、ファイルのダウンロード確認ダイアログが表示されますので、「保存」をクリックすると、ファイルをダウンロードすることができます。

7 – 6　Windows Live SkyDrive のファイルをダウンロードする

図7-6-1

今日
📄 トロッコ_芥川龍之介　　　　　　　shibusawa ken... 1 分前

図7-6-2

📄 トロッコ_芥川龍之介　　　　ブラウザーで編集　Word で開く　共有 ▾　バージョン履歴　移動　その他 ▾　×

図7-6-3

その他 ▾　×
コピー
名前の変更
ダウンロード
プロパティ

図7-6-4

ファイルのダウンロード

**このファイルを保存しますか?**

　　名前: トロッコ_芥川龍之介.docx
　　種類: Microsoft Office Word 文書, 28.2 KB
　　発信元: 　　　　　　　.com

　　　　　　　　　　　　[ 保存(S) ]　[ キャンセル ]

## マイクロソフトのクラウドサービス 7-7　Windows Live SkyDrive のファイルを一括ダウンロードする

**POINT**：SkyDriveでは25GBもの容量があり、さまざまなファイルを保存する上で便利ですが、ファイルをダウンロードするときに、一つ一つのファイルを選択することが手間に感じる場合もあります。本項では、フォルダ内のファイルをまとめてダウンロードする方法を確認します。

### 手　順

1. フォルダー内に目的のファイルが複数あることを確認します（図7-7-1）。

2. 上部メニューから「ZIP形式でダウンロード」をクリックします（図7-7-2）。

3. 「ダウンロード」をクリックすると、ファイルのダウンロード確認ダイアログが表示されますので、「保存」をクリックすると、ファイルをダウンロードすることができます（図7-7-3）。

Point：ダウンロードしたファイルはZIP形式で圧縮されていますので、ファイルを右クリック→「全て展開」→「展開」をクリックすることで、ファイルが展開されます。

7−7 Windows Live SkyDrive のファイルを一括ダウンロードする

**図7-7-1**

今日
- こころ_夏目漱石　　　　　　　shibusawa ken.
- トロッコ_芥川龍之介　　　　　　shibusawa ken.

**図7-7-2**

マイドキュメント
kentaro ▸ Office ▸ マイドキュメント

新規作成▼　ファイルの追加　共有▼　表示: 詳細▼　並べ替え: 日時▼　ZIP 形式でダウンロード

**図7-7-3**

ファイルのダウンロード

このファイルを保存しますか?

　名前: マイドキュメント.zip
　種類: 圧縮 (zip 形式) フォルダー
　発信元: office.live.com

保存(S)　　キャンセル

## 7-8 Office Web App について把握する

**POINT**：Windows SkyDriveに連携する形でMicrosoftが提供しているのが「Office Web App」です（図7-8-1）。
ここまで見てきたSkyDrive上で、ワード、エクセル、パワーポイントのファイルを管理できるだけでなく、直接編集を行うことが可能です。
また、パソコンで作成したファイルをSkyDiveにアップロードして、編集を行うだけでなく、直接新規ファイルを作成することも可能です。

新しいオンライン ドキュメントの作成

Word　Excel　PowerPoint

POINT：Officeの最新版、Office2010では、直接SkyDrive上にファイルを保存するオプションも搭載されています。詳しくは http://www.microsoft.com/japan/office/2010/webapps/ を確認下さい。

7－8 Office Web App について把握する

**図7-8-1**

## マイクロソフトのクラウドサービス 7-9 Word Web App を利用する

**POINT**：ここではWeb App上から、ワードのドキュメントを作成する方法を確認します。

### 手　順

1. SkyDriveの任意のフォルダを表示している状態で、「新規作成」をクリックし、「Word文書」をクリックします（図7-9-1）。

2. ドキュメントの名称を決定し、「保存」をクリックします（図7-9-2）。

3. Word Web App画面が開きます（図7-9-3）。主な操作は第一部で見たWordと同様です。

POINT：本項ではワードファイルの新規作成手順を確認しましたが、アップロードしたファイルをSkyDrive上でクリックすると、Word Web App上での編集画面が開きますので、直接ファイルを修正することが可能です。

7 – 9 Word Web App を利用する

**図7-9-1**

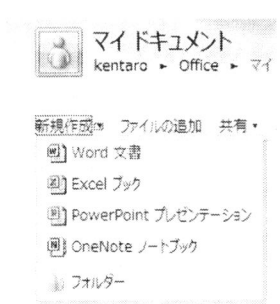

マイ ドキュメント
kentaro ▸ Office ▸ マイ

新規作成 ファイルの追加 共有 ▾
- Word 文書
- Excel ブック
- PowerPoint プレゼンテーション
- OneNote ノートブック
- フォルダー

**図7-9-2**

新規 Microsoft Word 文書
kentaro ▸ Office ▸ 新規 Microsoft Word 文書

名前: ［　　　　　　　　　　　　　　　　　］.docx

共有する相手: 自分のみ 変更する

［保存］［キャンセル］

**図7-9-3**

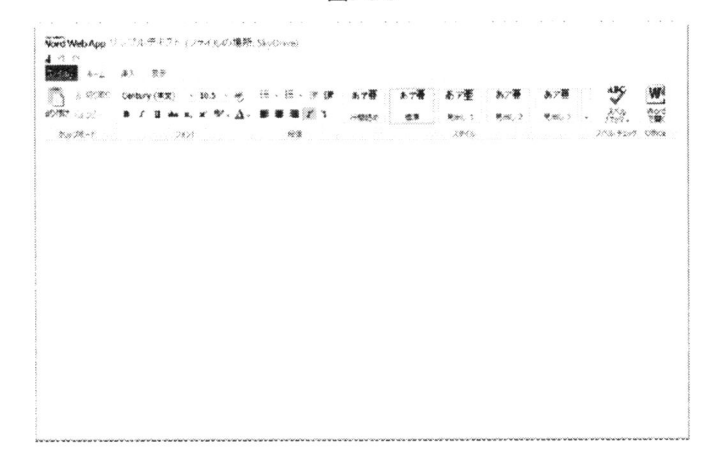

第7章 マイクロソフトのクラウドサービス

## マイクロソフトのクラウドサービス 7-10 Excel Web App を利用する

**POINT**：ここではExcel Web App上から、エクセルのドキュメントを作成する方法を確認します。

### 手　順

1. SkyDriveの任意のフォルダを表示している状態で、「新規作成」をクリックし、「Excelブック」をクリックします（図7-10-1）。

2. ドキュメントの名称を決定し、「保存」をクリックします（図7-10-2）。

3. Excel Web App画面が開きます（図7-10-3）。主な操作は第一部で見たExcelと同様です。

7-10 Excel Web App を利用する

図7-10-1

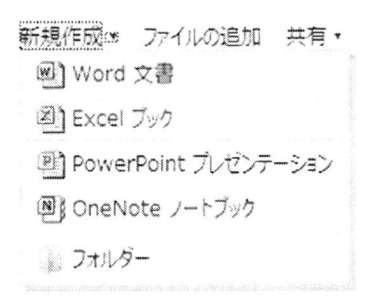

図7-10-2

図7-10-3

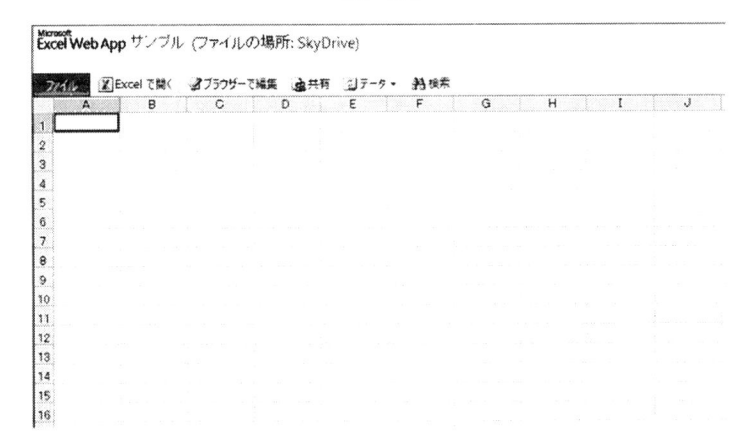

第7章 マイクロソフトのクラウドサービス

**マイクロソフトの
クラウドサービス
7 − 11**

# Power Point Web App を利用する

**POINT：ここではPower Point Web App上から、パワーポイントのドキュメントを作成する方法を確認します。**

## 手　順

1. SkyDriveの任意のフォルダを表示している状態で、「新規作成」をクリックし、「Power Pointプレゼンテーション」をクリックします（図7-11-1）。

2. ドキュメントの名称を決定し、「保存」をクリックします（図7-11-2）。

3. Power Point Web App画面が開きます（図7-11-3）。主な操作は第Ⅰ部で見たパワーポイントの操作と同様です。

図7-11-1

図7-11-2

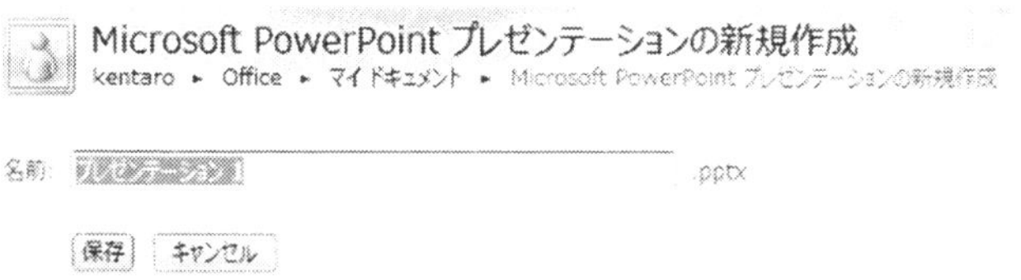
Microsoft PowerPoint プレゼンテーションの新規作成
kentaro ▸ Office ▸ マイドキュメント ▸ Microsoft PowerPoint プレゼンテーションの新規作成
名前:
プレゼンテーション1
.pptx
保存
キャンセル

図7-11-3

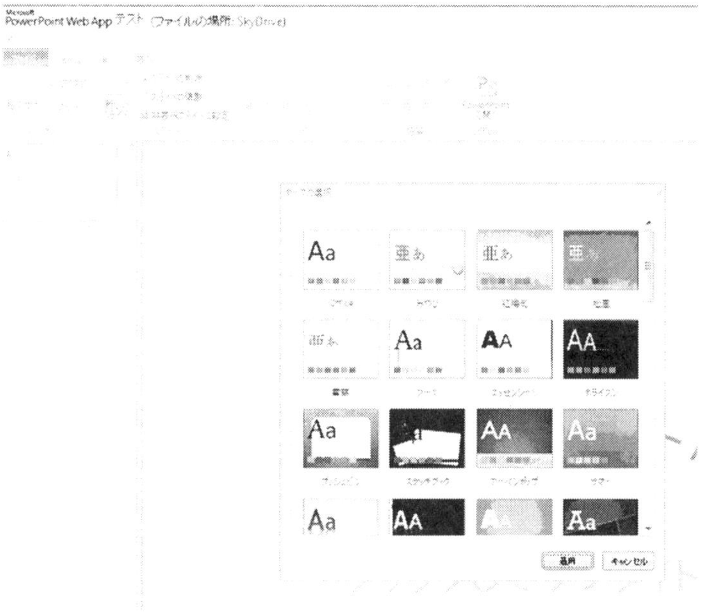
PowerPoint Web App テスト (ファイルの場所: SkyDrive)
適用
キャンセル

第7章　マイクロソフトのクラウドサービス

マイクロソフトの
クラウドサービス
**7 - 12**

# SkyDrive で写真を保存する

**POINT**：SkyDriveでは、自分で撮影した写真を管理することもできます。ここではその方法を確認します。

## 手　順

1. http://photos.live.comにアクセスし、ログインします（SkyDriveにログインしている場合は、上部メニューの「フォト」をクリックしても同様です）。

2. 「アルバムの作成」をクリックします（図7-12-1）。

3. アルバムの名前を入力し、「共有する相手」の右にある「変更する」をクリックし、範囲を「自分」にスライドしてから、「次へ」をクリックします。

4. ファイルのアップロード画面に遷移しますので、アップロードして保管したい写真を選んで、ドラッグ＆ドロップし、アップロードの緑のゲージが消えた段階で「続行」をクリックします（図7-12-2）。

5. 写真がアップロードされ、完了のメッセージが表示されます。

7-12 SkyDriveで写真を保存する

**図7-12-1**

フォト
kentaro ▸ フォト

アルバム　　　　　　　アルバムの作成　写真の追加　オプション▼
アルバムの作成
SkyDriveにアクセス
　　　　　　　　　　SkyDriveにある最新のフォト アルバム
　　　　　　　　　　まだアルバムがありません。アルバムの作成

　　　名前: 新しいアルバム
共有する相手: 全員 (パブリック) 変更する

　　　　[次へ]　[キャンセル]

**図7-12-2**

0 ファイル　(0 KB)　　　　　　　　　　　　写真のサイズ: [大 (1600… ▼]

ここに写真をドロップするか、コンピューターから写真を
選択してください。

[続行]

**図7-12-3**

ファイルのアップロードが完了しました。アップロードしたファイルは 2 個です。

## 7-13 SkyDrive で写真を閲覧する

**POINT**：本項では、SkyDriveにアップロードした写真を閲覧する方法を確認します。

### 手 順

1. フォトの管理画面上で、任意のアルバムをクリックします。

2. アルバム内の写真が一覧で表示されます（図7-13-1）。

3. 写真のサムネイルをクリックすると、写真が表示されます（図7-13-2）。

4. ダウンロードしたい場合は、メニューの「ダウンロード」をクリックします。

7-13 SkyDriveで写真を閲覧する

**図7-13-1**

新しいアルバム
kentaro ▸ フォト ▸ 新しいアルバム

写真の追加　フォルダーの作成　スライドショー　共有▼　表示: 縮小表示▼　並べ替え: 日時▼　その他▼

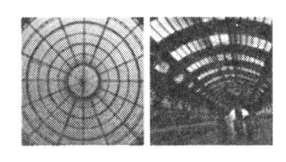

共有する相手: 自分のみ

**図7-13-2**

P1000703
kentaro ▸ フォト ▸ 新しいアルバム ▸ P1000703.JPG

ダウンロード　共有▼　スライドショー　人物タグの設定　自分　削除　その他▼

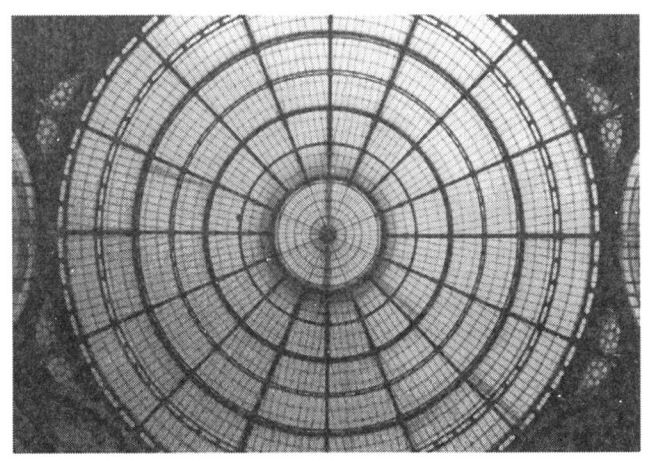

説明の追加

## マイクロソフトのクラウドサービス 7-14 SkyDrive 上の写真（アルバム）を共有する

**POINT：本項ではアルバムを共有する方法を確認します。**

### 手　順

1. 共有したいアルバムのページで、下部にある「共有する相手：」の右側、「自分のみ」をクリックします（図7-14-1）。

2. アルバムのアクセス許可確認画面が表示されますので、「アクセス許可の変更」をクリックします（図7-14-2）。

3. アルバムへのアクセス許可を与える対象を選択するバーが表示されますので（図7-14-3）、スライドして、範囲を設定します。全員（パブリック）は誰でもアルバムを閲覧することが可能です。Windows Liveアカウントを取得している友人のみを対象にする場合は、下部の「他のユーザーを追加」内に招待する友人のアドレスを入力し、「通知の送信」画面上で「送信」をクリックします（その場合、共有する相手：は〝特定のユーザー〟となります）。

POINT：**プライベートな写真のアクセス許可を「全員」（パブリック）とすることはお勧めしません。** アルバムの作成時、初期設定では「全員」（パブリック）となっていますので、まずは「自分」に変更し、その後、用途に合わせてアクセス

7-14 SkyDrive上の写真（アルバム）を共有する

許可を設定することをお勧めします。

### 図7-14-1

新しいアルバム
kentaro ▶ フォト ▶ 新しいアルバム

写真の追加　フォルダーの作成　スライドショー　共有▼　表示：縮小表示▼　並べ替え：日時▼　その他▼

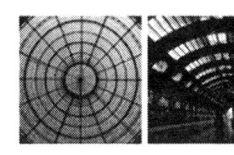

共有する相手：自分のみ

### 図7-14-2

"新しいアルバム" のアクセス許可
kentaro ▶ フォト ▶ 新しいアルバム ▶ アクセス許可

アクセス許可の変更

### 図7-14-3

**この項目を共有する相手:**

- 全員 (パブリック)　　　　　　　　写真を表示できます
- 自分の友だちと、友だちの友だち　　写真を表示できます
- 友だち (0)　　　　　　　　　　　写真を表示できます　▼
- 一部の友だち (0)　　　　　　　　写真を表示できます　▼
- 自分

**他のユーザーを追加**

名前か電子メール アドレスを入力してください：　　　　アドレス帳から選択する

第7章 マイクロソフトのクラウドサービス

## マイクロソフトのクラウドサービス 7-15
# SkyDrive 上の写真を スライドショー再生する

POINT：SkyDriveはインターネットアクセスが確保できれば、どこからでも利用することができます。写真も同様ですが、閲覧する際にスライドショー機能を利用する事が可能です。本項ではSkyDrive上の写真をスライドショー再生する手順について確認します。

### 手 順

1. 任意のアルバムを表示し、上部メニューの「スライドショー」をクリックします（図7-15-1）。

2. 画面が遷移し、黒を基調とした画面となります。ここで、下の三角の再生ボタンをクリックすると、スライドショー再生が始まります（図7-15-2）。

3. このとき、右上の全画面表示をクリックすると、より臨場感が増します。

7-15　SkyDrive上の写真をスライドショー再生する

図7-15-1

**新しいアルバム**
kentaro ► フォト ► 新しいアルバム

写真の追加　フォルダーの作成　スライドショー　共有▼　表示：縮小表示▼　並べ替え：日時▼　その他▼

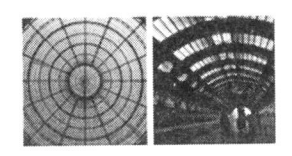

図7-15-2

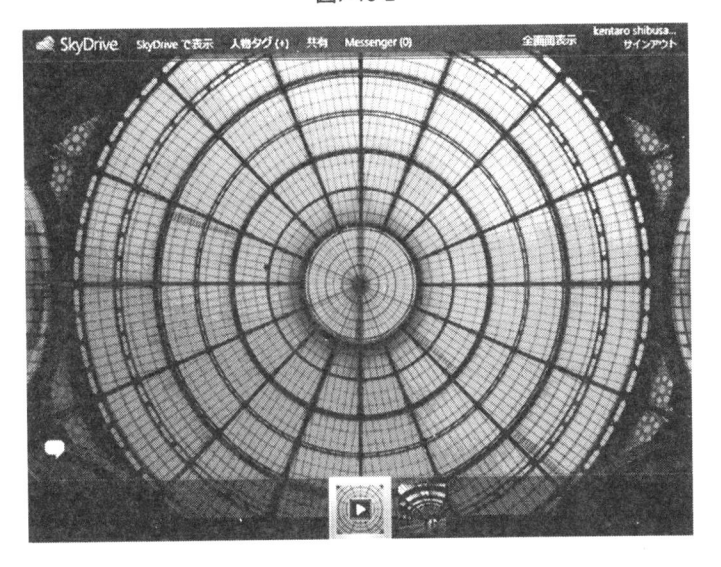

# 第 8 章

# PDF

ワードやエクセル、パワーポイントなどのドキュメントは、マイクロソフトの製品群、あるいは互換性のある製品がインストールされていないと表示できません。本章では、作成したドキュメントをそのまま送付相手にも見てもらう手段の1つとして、PDFについて詳しく解説します。

## 8-1 PDFの仕組みについて知る（1）

**POINT**：PDF、Portable Document Formatは、米国のAdobe Systems社が開発を行う文書形式です。文章ファイルといえば、現在ではMicrosoft社の『Word』が普及していますが、仮に作成したWordを元ファイルの体裁のまま相手に見てもらおうとすると、閲覧する相手のPCでも同じWordソフトウェアがインストールされている必要があります。また、Word内において使用したフォントが相手のPCにインストールされていなければ、相手のPCで同じWordファイルを開けたとしても、見え方は別物となってしまいます。

たとえば、図8-1-1では、左では文章で指定したフォントがPCにインストールされているため、問題なく再現されていますが、右のPC環境では同じフォントがないため、フォントが再現されないだけでなく、全体のレイアウトまで崩れてしまいます。

このような文章のやりとりにおいて、再現性の信頼度を重視した電子文書形式がPDFです。

## 8－1　PDFの仕組みについて知る（1）

図8-1-1

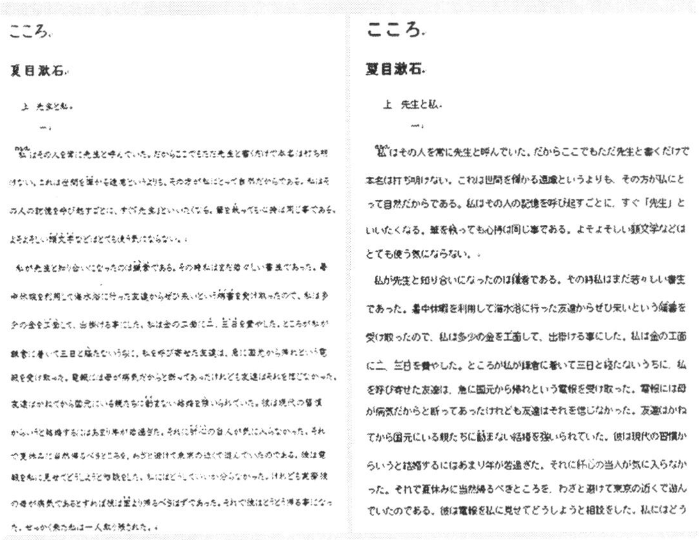

こころ

夏目漱石

上　先生と私

一

私はその人を常に先生と呼んでいた。だからここでもただ先生と書くだけで本名は打ち明けない。これは世間を憚かる遠慮というよりも、その方が私にとって自然だからである。私はその人の記憶を呼び起すごとに、すぐ「先生」といいたくなる。筆を執っても心持は同じ事である。よそよそしい頭文字などはとても使う気にならない。

私が先生と知り合いになったのは鎌倉である。その時私はまだ若々しい書生であった。暑中休暇を利用して海水浴に行った友達からぜひ来いという端書を受け取ったので、私は多少の金を工面して、出掛ける事にした。私は金の工面に二、三日を費やした。ところが私が鎌倉に着いて三日と経たないうちに、私を呼び寄せた友達は、急に国元から帰れという電報を受け取った。電報には母が病気だからと断ってあったけれども友達はそれを信じなかった。友達はかねてから国元にいる親たちに勧まない結婚を強いられていた。彼は現代の習慣からいうと結婚するにはあまり年が若過ぎた。それに肝心の当人が気に入らなかった。それで夏休みに当然帰るべきところを、わざと避けて東京の近くで遊んでいたのである。彼は電報を私に見せてどうしようと相談をした。私にはどう

189

## PDF 8-2 PDFの仕組みについて知る（2）

**POINT**：PDFは、閲覧には無料の『Adobe Reader』を利用することで、誰もが作成者の意図したとおりの体裁で文書ファイルを見ることができます。もちろん、文章やフォント、テキストサイズなどその文章を構成するあらゆる要素を再現してくれます。また、Wordと異なりリーダーがWindows以外のさまざまなOSにおいて提供されていますから、オープンなドキュメント形式として、政府や企業などが発表する文書などでも一般的に採用されています（図8-2-1）。

8−2　PDFの仕組みについて知る（2）

図8-2-1

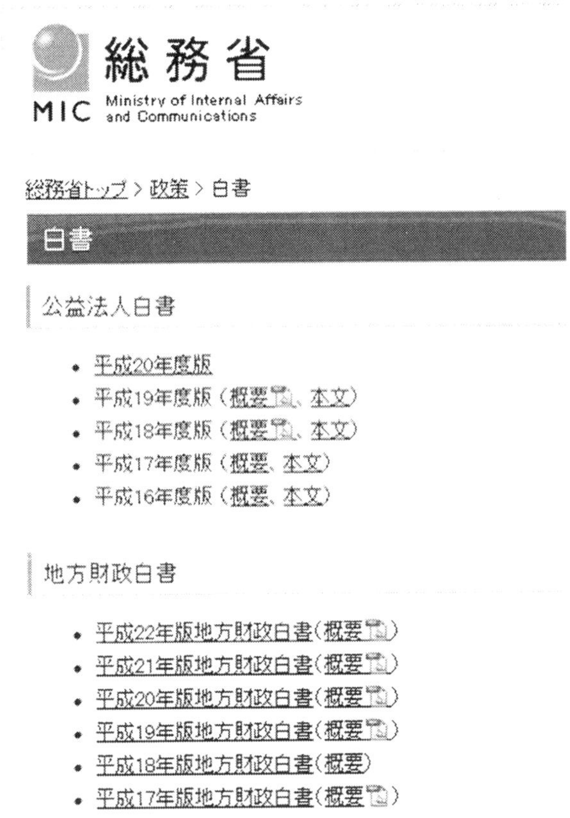

**総務省**
Ministry of Internal Affairs and Communications
MIC

総務省トップ > 政策 > 白書

## 白書

### 公益法人白書

- 平成20年度版
- 平成19年度版（概要、本文）
- 平成18年度版（概要、本文）
- 平成17年度版（概要、本文）
- 平成16年度版（概要、本文）

### 地方財政白書

- 平成22年版地方財政白書（概要）
- 平成21年版地方財政白書（概要）
- 平成20年版地方財政白書（概要）
- 平成19年版地方財政白書（概要）
- 平成18年版地方財政白書（概要）
- 平成17年版地方財政白書（概要）

## PDF 8-3 ワードなどからPDFへ書き出す

**POINT**：PDFはアプリケーションから直接作成することができます。

### 手 順

1. Office2010では、「ファイル」→「保存と送信」→「PDF/XPSドキュメントの作成」をクリック後、PDFを選択することでPDFが書き出せます（図8-3-1）。

2. Office2007では、事前にマイクロソフトのサイトより「2007 Microsoft Office プログラム用 Microsoft PDF 保存アドイン」をインストールする必要があります（「詳しくは、検索などで確認下さい」）。

3. アドインをインストール後、右上の「オフィスボタン」をクリックし、「名前をつけて保存」「Adobe PDF」を選択します。

8-3 ワードなどから PDF へ書き出す

**図**8-3-1

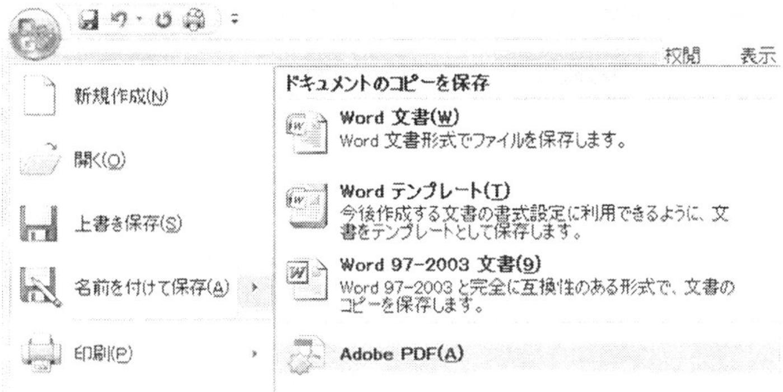

ドキュメントのコピーを保存

新規作成(N)

**Word 文書(W)**
Word 文書形式でファイルを保存します。

開く(O)

**Word テンプレート(T)**
今後作成する文書の書式設定に利用できるように、文書をテンプレートとして保存します。

上書き保存(S)

**Word 97-2003 文書(9)**
Word 97-2003 と完全に互換性のある形式で、文書のコピーを保存します。

名前を付けて保存(A)

**Adobe PDF(A)**

印刷(P)

## 8 − 4 GoogleDocs から PDF へ書き出す

**POINT**：6章で見たGoogleドキュメントからでも、直接PDFファイルを出力できます。

### 手 順

1．PDFに変換したいファイルを開いている状態で、「ファイル」をクリックし、「形式を指定してダウンロード」→「PDF」をクリックします（図8-4-1）。

8 － 4　GoogleDocs から PDF へ書き出す

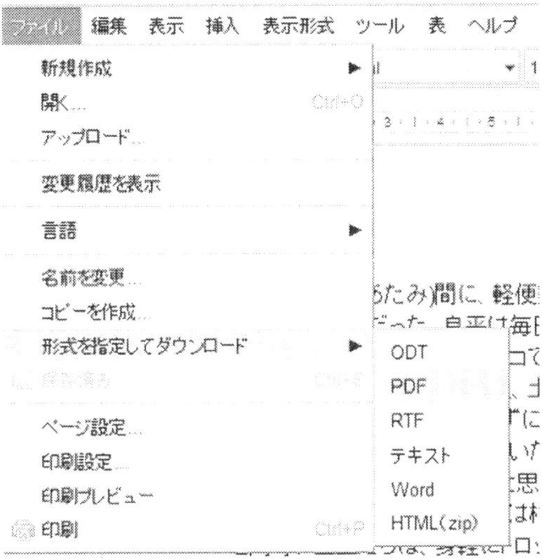

図8-4-1

第 8 章　PDF

## PDF 8－5　より高度なPDFファイルを作成する

**POINT**：PDFの機能は、Wordなどの文章をそのまま再現するといったものだけではありません。PDF規格を生み出したAdobe社が開発するソフトウェア「Acrobat」を利用することで、複数のPDFファイルを束ねたり、PDFフォームを作成・配布し、記入してもらった項目をExcelに書き出したり、アクセシビリティ機能を付加したりと、より高度にPDFをやりとりすることができます。

　「Acrobat」に搭載されている機能や使い方について知るには、Adobe社のホームページにある、「サポートホーム」が便利です。本項では、サポートホームの利用方法について確認します。

### 手　順

1．http://www.adobe.com/jp/support/　にアクセスします。

2．「製品別サポートリンク」から「Acrobat」を選択します（図8-5-1）。

3．「Acrobat X Pro」や「Acrobat X Standard」等、製品名に併せたヘルプを選択します（図8-5-2）。

8－5　より高度なPDFファイルを作成する

4．ヘルプページでは、各機能の解説及び、その利用手順を参照することが可能です。（図8-5-3）。

**図8-5-1**

製品別サポートリンク　　　　　　お使いの製品名をクリックしてください

- Adobe® Flash® Player
- Adobe Reader®
- Adobe Acrobat®
- Adobe Photoshop® Elements
- Adobe Premiere® Elements
- Adobe Photoshop®

**図8-5-2**

ヘルプ　　　　　　　　　　　サポート

Acrobat Xの概要
Acrobat X Proヘルプ　　　＜ Acrobat X Proのヘルプ
Acrobat X Standardヘルプ

製品情報

**図8-5-3**

## Adobe Acrobat Pro

**Acrobat X Pro ユーザーガイド**

新機能
- ワークスペース
- PDF の作成
- PDF ポートフォリオおよび結合した PDF
- PDF の保存と書き出し
- コラボレーション
- フォーム
- セキュリティ
- 電子署名
- アクセシビリティ、タグ、および折り返し
- PDF の編集

役立つリソース

サポート
はじめに / チュートリアル
フォーラム

第8章　PDF

## PDF 8-6　Adobe TVを利用し、より高度なPDFファイルの扱い方を学ぶ

POINT：8-5で見たとおり、Adobe社の「Acrobat」を利用することで、PDFの多彩な機能を利用することが可能です。しかし、それらの機能を利用する上で、8-5のヘルプだけでは直感的にわかりにくい場合は、「Adobe TV」を利用してみることをお勧めします。

「Adobe TV」はAdobe製品の使い方、機能紹介を映像で確認することのできるサイトです。本項では、「Adobe TV」の利用方法を確認します。

### 手　順

1. http://tv.adobe.com/jp/　にアクセスします（図8-6-1）。

2.「アドビ製品早わかり」をクリックします。

> アドビ製品早わかり
> 今すぐ学習を開始できます

3. ソフトの一覧が表示されるので機能や使い方を知りたい製品名をクリックします（図8-6-2）。

4.「エピソード」に、その製品に関する映像一覧が表示されますので、目的にあったメニューをクリックします。

8−6 Adobe TVを利用し、より高度なPDFファイルの扱い方を学ぶ

5．該当映像が再生されます（図8-6-3）。

図8-6-1

図8-6-2

図8-6-3

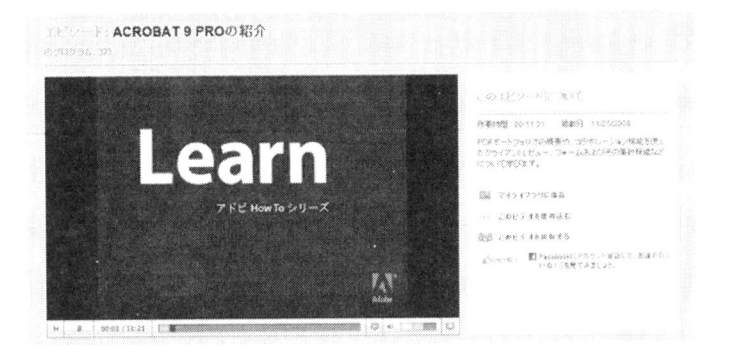

## おわりに

　本書を書き終えて今、思うところは「終わりの始まり」である。取りあげたアプリケーションは即座にバージョンアップし、クラウドなどの進化による技術変化はますます早くなっている。置かれたペンを直ぐにまた持ち直す必要に迫られている。パソコンや最近普及著しい電子小型端末の教育における利用は、新しい可能性を予見させる。電子書籍ひとつとってみてもその答えは明らかであろう。しかしながらハードやソフトの進化だけでなく、取り扱う人の能力が大切であることは言うまでもないことである。機械的に扱う能力だけでなく、むしろそのことによって何をどう変えることができるか、今までできなかったことをどのように具現化するか、アイデアは無限にある。

　グローバル化を促進する膨大なパワーをもつインターネットが与える恩恵は、コンピュータを扱って教育に当る人の能力に依存し、情報教育の社会的責任はネット社会の拡大と比例する。コンピュータを常時使うことで、個性が喪失するという意見があるが、筆者は否定的な見解をもつ。多くの情報に接することで、多角的な考え方や視野を広げることが可能である。

　最後になるが本書構成や調整などすべての面で時潮社の相良智毅氏にお世話になった。ここに改めて御礼申し上げる。

　　2011年4月1日

　　　　　　　　　　　　著者を代表して　　澁澤健太郎

● 執筆者紹介

**澁澤　健太郎**（しぶさわ・けんたろう）

東洋大学 大学院 経済学研究科 博士後期課程修了

和光大学経済学部講師を経て

現在、東洋大学経済学部総合政策学科教授

**主な著書**

『新版　Information―情報教育のための基礎知識―』（共著）NTT出版

『次世代の情報発信』時潮社

『ナレッジ・ベース・ソサエティにみる高等教育』時潮社

**山口　翔**（やまぐち・しょう）

東洋大学 大学院 経済学研究科 博士後期課程 修了

東洋大学 経済学部 非常勤講師

情報通信政策フォーラム(ICPF) 事務局 次長

Twitter

http://twitter.com/ContentsEconomy

## コンピュータリテラシー

2011年4月1日　第1版第1刷　　定　価＝2800円＋税

著　者　澁澤　健太郎・山口　翔　©
発行人　相　良　景　行
発行所　㈲　時　潮　社

〒174-0063　東京都板橋区前野町4-62-15
電　話　03-5915-9046
Ｆ Ａ Ｘ　03-5970-4030
郵便振替　00190-7-741179　時潮社
Ｕ Ｒ Ｌ　http://www.jichosha.jp

**印刷**・相良整版印刷　**製本**・武蔵製本

乱丁本・落丁本はお取り替えします。
ISBN978-4-7888-0659-7

# 時潮社の本

## 次世代の情報発信
**澁澤健太郎・山口 翔 著**
Ａ５判・並製・160頁・定価2500円（税別）

活気に満ちた東洋大学・澁澤ゼミShibuzemiのユニークな活動を下敷きにブログの運営、メールマガジン・インターネットラジオ・映像などを自在に配信できる、最先端のパソコン・スキルを一挙公開。

---

## ナレッジ・ベース・ソサエティにみる高等教育
遠隔教育の評価と分析を中心に
**渋澤健太郎 著**
Ａ５判・並製・176頁・2800円（税別）

全国には病気等の諸事情で大学に通学できずに休学や退学を選ぶ学生がいる。遠隔教育システムがあれば、教育を受け続けることができたかもしれない。ICTを駆使した新しい教育、東洋大学における5年間の豊かな経験に基づいて著者は明言する―「遠隔教育によって生涯学習社会構築が可能になる」と。

---

## イノベーションと流通構造の国際的変化
業態開発戦略、商品開発戦略から情報化戦略への転換
**蓼沼智行 著**
Ａ５判・並製・280頁・2800円（税別）

国際的トレーサビリティ・システムの構築へ――イノベーションと構造変化の一般化を図り、流通のグローバル化と国際的トレーサビリティ・システムの新たな構築に向けた動きが内包する社会経済的影響と世界システムの変容への示唆を解明する。

# 時潮社の本

## 開発の政治経済学
グローバリゼーションと国際協力の課題

稲葉守満 著

Ａ５判・並製・496頁・定価4500円（税別）

一国の経済的活動の構造的特徴を理解するためには、その社会の歴史的発展パターンと経路、社会の構造と文化的規範、政治構造と文化、社会制度の形成と発展等「構造主義」理論が提起する問題を理解する必要がある。

## イギリス住宅金融の新潮流

斉藤美彦・簗田優 共著

Ａ５判・上製・242頁・定価3200円（税別）

近年大変貌を遂げ、そして世界金融危機の影響を大きく受けたイギリス住宅金融。その歴史的変遷からグローバル化時代の新潮流等について多面的に分析し、住宅金融の原理についても議論を展開する。

## 国際貿易論小史

小林 通著

Ａ５判・上製・218頁・3500円（税別）

本書は、古典派貿易論研究の出発点となる『国際分業論前史の研究』（小社刊）をさらに一歩前進させ、古典派経済学の基本的真髄に接近し、17〜18世紀イギリスにおける国際貿易理論に学説史的にアプローチする。Ａ.スミス、Ｄ.リカードウ、J.S.ミルなど本書に登場する理論家は10人を数える。

# 時潮社の本

## エコ・エコノミー社会構築へ

藤井石根 著

A5判・並製・232頁・2500円（税別）

地球環境への負荷を省みない「思い上がりの経済」から地球生態系に規定された「謙虚な経済活動」への軌道修正。「経済」と「環境」との立場を逆転させた考え方でできあがる社会が、何事にも環境が優先されるエコ・エコノミー社会である。人類の反省の念も込めての１つの結論と見てとれる。

## ブラウニング『指輪と本』を読み解く

黒羽茂子 著

A5判・上製・404頁・定価3500円（税別）

「時は春、朝(あした)は７時…」で知られる詩人ブラウニングが、芥川の「藪の中」に影響を与えた手法で17世紀イタリアの殺人事件を扱う。全12巻の超大作を、一般読者をも念頭におき、素っ頓狂な弁護士とハチャメチャ検事の語りも含めて解読する本邦初の労作です。

## 福沢諭吉の原風景
──父と母・儒学と中津

谷口典子 著

A5判・上製・228頁・定価2800円（税別）

諭吉は1835年、大坂の中津藩屋敷で生まれたが、１歳半の時父が急死し、母子6人で中津（大分県）へ帰郷する。亡き父を慕い、19歳まで学び続けた儒学。「汝を愛し、汝を憎んだ」ふるさと中津には、諭吉のアンビバレンツな発想の原点があった。諭吉の原風景に迫る。